SpringerWienNewYork

Sonja Stummerer
Martin Hablesreiter

FOOD DESIGN

Von der Funktion zum Genuss

Fotos: Ulrike Köb

SpringerWienNewYork

Sonja Stummerer, Martin Hablesreiter
honey & bunny, Wien, Österreich

Gedruckt mit Unterstützung der Kulturabteilung der Stadt Wien,
Wissenschafts- und Forschungsförderung

Printed in Austria
SpringerWienNewYork ist ein Unternehmen von
Springer Science + Business Media
springer.at

Fotografie Ulrike Köb, www.koeb.at
Fotokonzept Sonja Stummerer, Martin Hablesreiter
Grafik jkt&gg Janna Kozeschnik-Thür und Gerhard Gaal OEG
Foodstyling Thomas Friesenecker, Alexander Knakal
Fotoassistenz Malgorzata Götz-Krassnitzer
Druck Holzhausen Druck & Medien GmbH, 1140 Wien, Österreich

Alle nicht von Dritten beigestellten Abbildungen verstehen sich als künstlerisches Werk der Autoren.
Die abgebildeten Objekte können von den Originalprodukten abweichen.

Gedruckt auf säurefreiem, chlorfrei gebleichtem Papier - TCF
SPIN: 11335719

Mit zahlreichen Abbildungen

Bibliografische Informationen der Deutschen Bibliothek
Die Deutsche Bibliothek verzeichnet diese Publikation in der Deutschen Nationalbibliografie; detaillierte bibliografische Daten sind im Internet über http://dnb.ddb.de abrufbar.

ISBN-10 3-211-23512-4 SpringerWienNewYork
ISBN-13 978-3-211-23512-6 SpringerWienNewYork

Inhalt

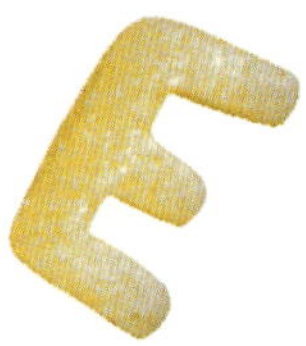

1

2

4

5

7

8

3

6

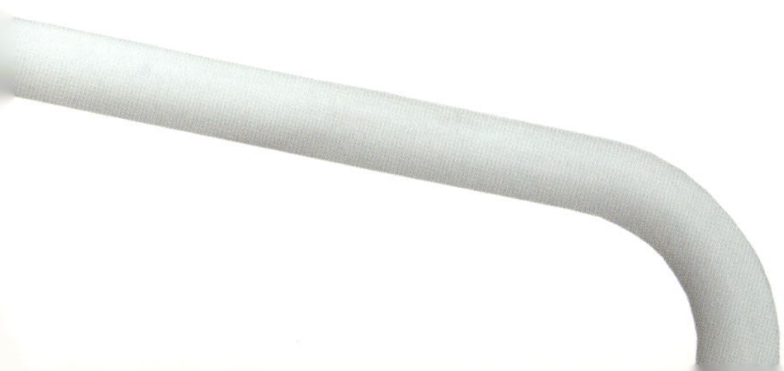

Seit Menschengedenken bedeutet Essen mehr als reine Kalorienzufuhr. Die Nahrungsaufnahme legt Hierarchien fest, dient der Geselligkeit und markiert die entscheidenden Stationen des Lebensweges. Erstkommunion, Hochzeitsmahl oder Staatsempfang unterliegen einer kulinarisch-mythologischen Symbolik, die den übergeordneten Stellenwert der Tischgemeinschaft unterstreicht. Am deutlichsten wird die Diskrepanz zwischen Ritual und lebensnotwendiger Nährstoffzufuhr bei der Henkersmahlzeit, die bekanntlich kurz vor dem Tod eingenommen wird.

Essen ist Kulturgut. Die Auswahl der Lebensmittel und die Art, wie sie konsumiert werden, definieren den persönlichen Lebensstil und grenzen die Gesellschaftsschichten voneinander ab. Vom Shrimps-Cocktail bis zum Döner, vom Ciabatta bis zur Instantsuppe: Was wir essen, signalisiert, wer wir sind. Der Gestaltung der Speisen wird dabei mindestens ebenso viel Aufmerksamkeit geschenkt wie ihrer Zubereitung. In derselben Weise, wie wir Mode, Möbel oder Autos gestalten, um unser ästhetisches Wohlbefinden zu befriedigen, erwarten wir auch von Lebensmitteln, dass sie nicht nur unsere Bäuche füllen, sondern auch unsere Sinne betören.

Der Mensch versucht seit jeher, seine Umwelt zu formen. Im Falle von Gebrauchsgegenständen spricht man von Design, einem Begriff, der zuerst in Großbritannien auftauchte. Seit der Gründung des Londoner „British Council of Industrial

1 gedrehte Zuckerstange

2 beliebtes Tortendekor: die Marzipanrose

3 mehrfärbige, italienische Pasta

4 Bonbons mit Herz

5 japanischer Konfekt

6 zweifärbige Farfalle rigate

7 das Lebkuchenherz entspringt einem uralten Liebeszauber

8 Schokoladeschirmchen

1

2

3

4

5

6

7

8

9

10

Design" im Jahre 1944 bezeichnet Design eine den Erfordernissen der Massenproduktion entsprechende Gestaltung von Gegenständen und Geräten aller Art. Gutes Design ist einfach zu produzieren, unkompliziert zu transportieren, entspricht den Anforderungen des Marktes, erfüllt eine oder mehrere Funktionen und sieht obendrein gut aus. Egal, ob Stardesigner Zahnbürsten entwerfen oder Produktentwickler Mobiltelefone zur Marktreife führen, formvollendete Gestaltung verwöhnt das Auge der Konsumenten.

Dieser Trend macht auch vor alltäglichen Verrichtungen wie der Nahrungsaufnahme nicht Halt. Ob Süßigkeiten oder Kaugummis, Pasta oder Tiefkühlgemüse, alles wird in die „richtige" Form gebracht, bevor es zum Verkauf gelangt. Soll man also Esswaren genauso als Designobjekte betrachten wie Armani-Anzüge, Alessi-Tassen oder Ferraris? Ja, man soll! Dieses Buch ist ein Plädoyer für eine bisher unbeachtete Designsparte.

Der Gestaltung von Lebensmitteln wird heutzutage oft ein enormes Maß an Marktforschung, Entwicklungsaufwand und technischem Know-how gewidmet. Der menschliche Wille, Nahrung zu gestalten, lässt sich freilich bereits über tausende Jahre zurückverfolgen. Von der Konservierung bis zu

1 libanesische Süßwaren, gesehen bei Harrod's

2 japanische Cracker mit Blatt- bzw. Blumendekor

3 italienischer Keks mit Blumenmuster aus Kakaomasse

4 Lakritze-Röllchen

5 Seidenbonbons

6 Fruchtgummikern und bunte Drageekruste: Fruity Smarties

7 Lakritze

8 gelee-artiger, japanischer Konfekt mit eingegosssenen, ganzen Bohnen im Inneren

9 Cola-Fläschchen

10 Glückswürfel: Zuckerwürfel in der Form von Herz, Karo und Kreuz

1

2

religiösen Aspekten des Essens spielten dabei verschiedenste Parameter eine Rolle. Ähnlich wie in der Baukunst, wo Funktion, Zeitgeist und Fertigungstechniken zusammenwirken, hinterließen die entscheidenden Etappen der Menschheitsgeschichte auch in der Küche ihre Spuren.

Die Entdeckung des Feuers hat Aussehen und Geschmack von Speisen naturgemäß stark verändert, ebenso wie später die Erfindung des Sauerteigs. Zu den ältesten bekannten Beispielen essbarer Produktgestaltung zählen symbolische Opfergaben aus Brotteig in der Antike. Manche der damals entstandenen Motive existieren bis heute, wie etwa der Zopf oder das Kipferl*.

Die Wiege vieler moderner Produkte, von Suppenwürfeln bis zu Cornflakes, liegt hingegen in der beginnenden Massenfertigung in der Mitte des 19. Jahrhunderts. Während die industrielle Revolution Gesellschaftsstruktur und Essgewohnheiten entscheidend veränderte, stehen heute gentechnisch manipulierte Lebensmittel im Mittelpunkt der Diskussion. Functional Food heißt das Schlagwort dieser Tage – und damit hat das Design die molekulare Ebene der Zutaten erreicht. Zukünftig könnte eventuell die spezielle Zusammensetzung von Eiern, Kartoffeln oder Brokkoli der Arterienverkalkung oder anderen Krankheiten vorbeugen helfen. So wie die Donauschiffer des Mittelalters die Wassergeister noch mit gebackenen Teufelshörnern zu besänftigen versuchten, so arbeiten Lebensmitteltechniker heute am „Wunderessen", das zivilisatorische Plagen wie Übergewicht, Vitaminmangel oder Müdigkeit aus der Welt schaffen soll.

Food Design ist genauso wie Industriedesign ein wesentlicher Bestandteil unserer Kultur und spiegelt als solcher das kulturelle Umfeld, den Zeitgeist und den Stand der Technik wider. Da wie dort entscheidet letztendlich der Kunde über Erfolg oder Misserfolg eines Produkts. Einerseits scheinen Form und Geschmack einer Essware, die wir im Supermarkt sehen, den größten Einfluss darauf zu nehmen, ob wir sie kaufen oder nicht. Andererseits zeigen Studien, dass auch Geruch und Farbe eine entscheidende Rolle spielen. Neben Oberfläche und Konsistenz sind Textur und Haptik weitere zentrale Kategorien am Lebensmittelsektor, ebenso Teilbarkeit und Herstellungstechnik.

Das vorliegende Buch analysiert, welche Faktoren der Gestaltung von Essbarem zu Grunde liegen, und es geht der Frage nach, warum Speisen gerade in dieser Form auf den Tisch kommen – und in keiner anderen. In acht Kapiteln werden die wesentlichen Gestaltungsprämissen des Food Design vorgestellt, beschrieben und interpretiert. Legenden und Mythen rund um althergebrachte Nahrungsmittel finden ebenso Beachtung wie die Entstehungsgeschichten echter Klassiker, vom Zuckerwürfel bis zum Tomatenketchup. Das Buch versteht sich als Anregung, Esswaren von einer bisher unbekannten Seite – und den Inhalt von Kühlschrank und Kochgeschirr unter einem erweiterten Blickwinkel zu betrachten: Gugelhupf, Eislutscher und Toastblock sind mehr als Lebensmittel – sie sind Errungenschaften des Designs!

* Hörnchen

1 italienisches Gebäck in der Form einer Artischocke

2 japanische Cracker, kunstvoll verpackt

Teufelshorn und Herrgottsb'scheißerl
Symbol, Täuschung und Entfremdung

1

Die Frage, welche historischen Faktoren modernem Food Design zu Grunde liegen, führt unweigerlich ins Reich von Religion, Mystik und Symbolik. Über Jahrhunderte hinweg prägte die rituelle Komponente der Nahrung die Gestaltung von Speis und Trank. Zwar gerieten zeremonielle Handlungen und deren Inhalte als Ursprung des Aussehens vieler Gerichte in Vergessenheit, doch blieben einige Formen und Rezepturen bis heute erhalten.

Ob rote Rosen, goldene Ringe oder schwarze Armbinden, Symbole bilden einen fixen Bestandteil des täglichen Lebens. Sie erzählen auf subtile Weise von Gefühlen wie Trauer oder Liebe und signalisieren die Zugehörigkeit zu Lebens- und Interessengemeinschaften. Die Vielfalt symbolischer Ausdrucksformen macht dabei auch vor den alltäglichen Verrichtungen wie der Nahrungsaufnahme nicht Halt. Essbare Symbole bereichern seit Jahrhunderten unseren Speiseplan. So bedeutete zur Zeit der Renaissance der Verzehr eines Pfaus Unsterblichkeit, der eines Adlers verwies auf den Herrscher und der schlaue Fasan versprach Klugheit. Die Bedeutung so mancher Speisen – vom Osterlamm, über das Lebkuchenherz bis zur Torte – geht bis heute über die simple Kalorienzufuhr hinaus.

Religion und Mystik

Die Herstellung symbolischer Opfergaben aus Brotteig zählt zu den ältesten bekannten Beispielen essbarer Produktgestaltung. Schon die alten Ägypter aßen Brote in Form von Fischen, Vögeln, Zöpfen und Pyramiden. Geformte Backwaren dienten in der Antike als Opferersatz oder Brotgabe mit kultischem Symbolcharakter. So stammt die Form des Striezels* vermutlich vom früher üblichen Opfer der eigenen Haare. Aus Trauer oder Ehrerbietung schnitt man sich die Haare ab und brachte sie als Opfer den Göttern dar. Andere Interpretationen sehen Zöpfe als Weiterentwicklung von Broten in Drachen- und Schlangenform, die

2

* Zopf
** Sankt Nikolaus

1 Striezel und Zöpfe zählen zu den ältesten, bekannten Beispielen gestalteter Nahrungsmittel. Die geflochtene Form steht vermutlich in Zusammenhang mit dem bereits in der Antike üblichen Opfer der eigenen Haare.

2 Während einige religiöse Motive wie Osterhase und Nikolo** bedenkenlos aus Schokolade gegossen und verspeist werden, erscheint der Verzehr anderer Symbole blasphemisch.

1

schon bei den alten Sumerern gebräuchlich waren. Noch heute verspeisen wir Striezel, Zopf oder „große Brioche" vorwiegend zu religiösen Anlässen, als Allerheiligen-, Weihnachts- oder Osterstriezel. Im Laufe der Jahrhunderte wandelte sich die Gabe für die Götter zum Geschenk für Tote und Lebende. Taufpaten überreichen die Backware an ihre Schützlinge, und junge Mütter erhalten den Striezel als Symbol für das Wickelkind. Geflochtenen Brotsorten schreibt der Volksglaube zudem besondere Kräfte zu: Sie sollten vor Krankheit schützen und Unheil von Mensch und Vieh fernhalten.

Auch das Kipferl* startete seine mehr als 2000-jährige Karriere als Götterspeise. Es gilt als eines der ältesten Beispiele gestalteter Nahrungsmittel. Die aus Teig nachgebildete Mondsichel war vermutlich Bestandteil eines antiken Mondkultes und diente als Opfergabe für die Mondgöttin Selene. In späteren Jahrhunderten wandelte sich die Bedeutung des traditionellen Backwerks zu den Hörnern des Teufels, woran die Bezeichnung „Hörnchen" bis heute erinnert. Ein alter Brauch der Donauschiffer, die allesamt Nichtschwimmer waren, empfiehlt, die sichelförmige Backware nicht selbst zu verzehren, sondern zur Besänftigung der Wassergeister in die Fluten zu werfen.

Ob die Wiener die gebackenen Teufelshörner bei der zweiten Türkenbelagerung 1683 in ähnlicher Weise auch im Kampf gegen die Osmanen einsetzten, fällt in den Bereich der Spekulation. Wir halten es für durchaus denkbar, dass das Kipferl während der Belagerung als eine Art von politischem Propagandamittel fungierte. Der Verzehr des türkischen Halbmonds könnte einer sinnbildlichen Vernichtung des Feindes gleichgekommen sein. Die Legende, wonach ein Wiener Bäcker anlässlich des Sieges über die Osmanen

2

3

1683 das Kipferl erfunden haben soll, entpuppte sich jedenfalls als Märchen. Seine europaweite Verbreitung könnte der essbare Halbmond tatsächlich der zweiten Wiener Türkenbelagerung verdanken. Denn die Wiener verspeisten das kulinarische Siegessymbol nach Ende der kriegerischen Auseinandersetzung mit derartiger Vorliebe, dass es bald auch an der Seine in Mode kam. Dort mutierte der kulinarische Exportschlager aus Österreich zum Croissant und somit zum Inbegriff französischer Lebensart.

Auch die ungewöhnliche Form der Brezel, einer Backware, die mehr ihrer Form als ihres Geschmacks wegen Berühmtheit erlangte, hat symbolischen Charakter. Der Legende nach soll sie im Jahr 610 von einem Mönch in Norditalien erfunden worden sein. Die charakteristische Form der Doppelschlinge stellt, so die oft propagierte Entstehungsgeschichte, zwei verschränke Arme dar. Zu jener Zeit falteten Gläubige während des Gebets nicht die Hände, sondern kreuzten ihre Arme vor der Brust – eine Haltung, die auch Tote in zahlreichen Darstellungen einnehmen. Vom Arm, lateinisch „Bracchium", leitet sich auch das deutsche Wort Brezel ab. Tatsächlich bezeichnete „Bracchium" auch ein römisches Ringbrot, das die Christen schon im zweiten Jahrhundert als eucharistisches Gebäck verwendeten. Aus diesem Abendmahlsbrot entwickelte sich zuerst eine geschlungene Backware in Form der Zahl 6, und schließlich im elften Jahrhundert das heutige Erscheinungsbild der Brezel. Fernab des religiösen Zusammenhangs wurden die verschlungenen Teigwürste im zwölften Jahrhundert zum

* Hörnchen

1 Der Legende nach entstand das Kipferl* 1683 in Folge der zweiten Wiener Türkenbelagerung. Tatsächlich symbolisierte das gekrümmte Gebäckstück bereits in der Antike den Halbmond und soll schon der griechischen Mondgöttin Selene als Opfergabe gedient haben.

2 Formen und Farben japanischer Süßspeisen stellen zumeist Szenen aus der Natur nach und tragen so klingende Namen wie „Kühler Wind", „Sommerlicher Bergpfad" oder „Wo sich das Wasser sammelt".

3 Die Brezel wurde angeblich 610 von einem Mönch in Norditalien erfunden.

1

Zunftzeichen der Bäcker, zum beliebten Kirtagsimbiss und galten in Süddeutschland sogar als Liebesbeweis. Eifrige Verehrer malten in der Nacht zum 1. Mai eine Brezel an das Scheunentor der Angebeteten.

Neben Lebkuchenherzen und Brezeln signalisieren auch Name und Aussehen der italienischen Praline „Bacio" – zu deutsch Küsschen – menschliche Zuneigung. Nicht nur der bei ihrer Einführung im Jahr 1922 äußerst gewagte Name besiegelte den Erfolg der kleinen Süßigkeit, sondern auch ihre Form: Die sanften Rundungen des Konfekts erinnern markant an eine weibliche Brust – und stehen so nicht nur für Erotik, sondern auch für Geborgenheit und mütterliche Liebe.

Kulinarischer Patriotismus

Essen berührt die intimsten Seiten der menschlichen Psyche. Es verkörpert Zugehörigkeit zu Familie, Kulturkreis und nationaler Identität. Was den Briten ihre Fish and Chips, sind den Japanern Sushi und den Spaniern die Paella. Regionale Spezialitäten fungieren nicht selten als kulinarische Aushängeschilder ihres Herkunftslandes. Neben Eiffelturm, Tower Bridge und Akropolis identifizieren wir Staaten und Regionen auch mit kulinarischen Wahrzeichen. Um fremdländisches Flair in vollen Zügen auszukosten, verspeist der Reisende Weißwürste in München, lebende Fische in Fukuoka, kauft Senf in Dijon und Schinken in San Daniele.

Ob Theodor Tobler davon träumte, ein Symbol für sein Heimatland zu erschaffen, als er 1908 in Bern die Toblerone erfand, ist eher fraglich. Heutzutage wird die Schokolade in der charakteristischen dreieckigen Form jedenfalls weltweit mit der Schweiz in Zusammenhang gebracht und fungiert als kulinarisches Logo der alpinen Bergwelt. Was Tobler zur außergewöhnlichen Form inspirierte, fällt – wie so oft in der Kulinarik – in den Bereich der Spekulation. Eine Geschichte

2

3

1 Die Motive japanischer Süßigkeiten wechseln mit der Jahreszeit. „Wakaba-kage" bedeutet etwa „Im Schatten junger Blätter" und wird im Sommer serviert. Die Transparenz des Konfekts soll dem Esser Kühle und Frische vermitteln.

2 Die sanften Rundungen der italienischen Praline „Bacio" - zu Deutsch Küsschen - erinnern markant an eine weibliche Brust und symbolisieren somit nicht nur Liebe und Zuneigung sondern auch familiäre Geborgenheit.

3 Essen als politisches Propagandamittel: Schokoladegussform in der Form eines Soldaten

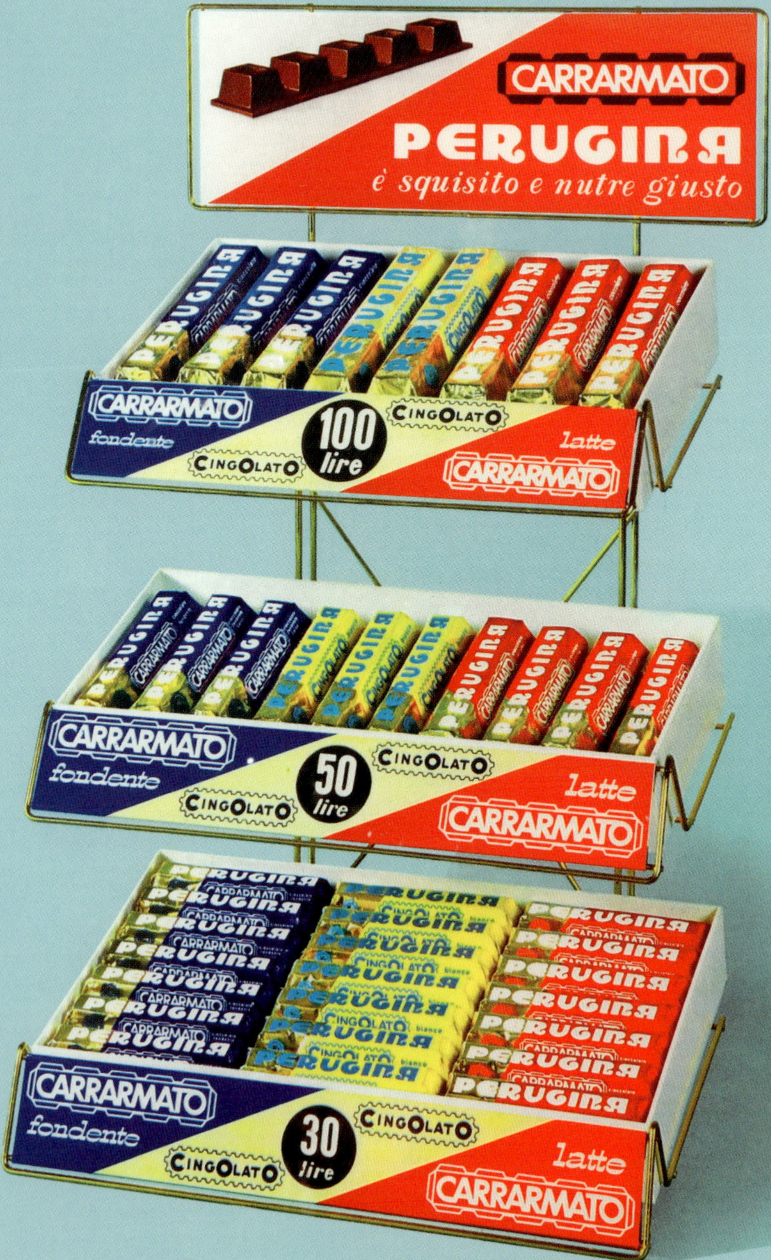

besagt, dass eine Pyramide aus rot und beige bekleideten Mädchen in einem Pariser Nachtclub den Schweizer Chocolatier zu seiner Kreation anregte. Denkbar ist auch, dass die Toblerone auf ein Symbol der Freimaurer zurückgeht, bei denen Tobler Mitglied war. Wie dem auch sei, heute gilt das süße Schokoprisma als kulinarisches Wahrzeichen einer ganzen Nation und werden vornehmlich mit dem Matterhorn assoziiert. Mittlerweile werden die knackigen Gipfel in rund 120 Ländern weltweit verkauft, wobei die typische Dreiecksform seit 1994 gesetzlich geschützt ist.

Kulinarischer Patriotismus findet sich auch andernorts, speziell in Italien. Der neapolitanische Pizzakoch Raffaele Esposito benannte 1889 die Pizza Margherita nach Regina Margherita, der ersten Königin des geeinten Italiens. Der weiße Teig, mit roten Tomaten und grünem Basilikum belegt, vereint die italienischen Nationalfarben in einem Gericht. Neben Farben erinnern auch Bezeichnungen von Nahrungsmitteln an Herrscher, Helden und politische Ereignisse. Die so genannten Tripolini, an den Rändern strukturierte Bandnudeln, stehen in Zusammenhang mit der Eroberung Libyens und seiner Hauptstadt Tripolis. Das Filet Wellington setzt dem berühmten britischen Herzog, der Napoleon 1815 bei Waterloo besiegte, ein kulinarisches Denkmal; das Ragout Marengo gemahnt an die Schlacht im Piemontesischen Marengo, als Napoleon 1800 gegen Österreich zu Felde zog.

Kriegsschauplätze und Kampfgerät inspirierten auch im zwanzigsten Jahrhundert noch die Gestaltung mancher Spezialität. In den Sechziger Jahren brachte der italienische Süßwarenhersteller Perugina einen Schokoriegel namens „Carrarmato", zu deutsch Panzer, auf den Markt. Die sechs Rippen des überaus erfolgreichen Snacks ahmten in dunkler und heller Schokolade eine Panzerspur nach und richteten sich an die kämpferische Naschlust kleiner Buben*.

1

Geschmackvolle Täuschung

So unterschiedlich die Inhalte und Bedeutungen sind, die Speisen transportieren, so vielfältig sind auch die Hintergründe und Ursachen, aus denen sie hervorgehen. In China zum Beispiel imitierte man (bei Strafe) verbotene Fleischspeisen durch Gemüsegerichte. Auch im antiken Rom war der Verzehr mancher Ingredienzen zeitweilig untersagt. Die Küchenmeister ahmten Verbotenes mit Hilfe anderer Zutaten nach und wurden so zu wahren Meistern der Tarnung und Täuschung. Die alten Römer liebten die Irreführung bei Tisch und peitschten jene Köche aus, deren Kreationen trotz üppiger Dekoration die Zutaten erahnen ließen. Spitzenköche verfremdeten sämtliche Ausgangsprodukte bis zur Unkenntlichkeit, bastelten Seeigel aus Quitten, Vögel aus Teig und verwandelten Kürbisse mit dem Schnitzmesser in Thunfische, Champignons und Blutwürste.

Bis heute verschleiern kulinarische Täuschungmanöver Inhaltsstoffe und Zutaten. Nicht selten servieren Ärzte ihre bitteren Arzneien oder Impfstoffe auf einem Zuckerwürfel. Zahlreiche Bonbons entstanden ursprünglich als Tarnung einer medizinischen Funktion, um Kindern und genervten Eltern die mühsame Prozedur der Medikamenteneinnahme zu ersparen. Hustinetten zum Beispiel helfen gegen Husten – und schmecken dennoch süß.

2

* Jungs

1 Italiens Süßwarenhersteller Perugina brachte in den Sechzigerjahren einen Schokoriegel namens „Carrarmato" (dt. Panzer) auf den Markt. Die Form ahmt die Spur von Panzerketten nach.

2 Japanische Geschenkbox mit 54 Kirschen zum Preis von etwa 100 Euro. Die gleichfarbigen, gleich großen und exakt geschlichteten Früchte erwecken bei Europäern mehr den Eindruck einer Kunststoffimitation als eines Naturprodukts.

> **nächste Doppelseite**

Das Erfolgskonzept vieler Lebensmittel liegt in der bewussten Entfremdung von ihrem Grundprodukt. Fischstäbchen zum Beispiel sehen weder aus wie Fisch, noch schmecken sie danach. Ähnlich verhält es sich mit manchen Wurstprodukten, Ketchup oder Tiefkühlspinat.

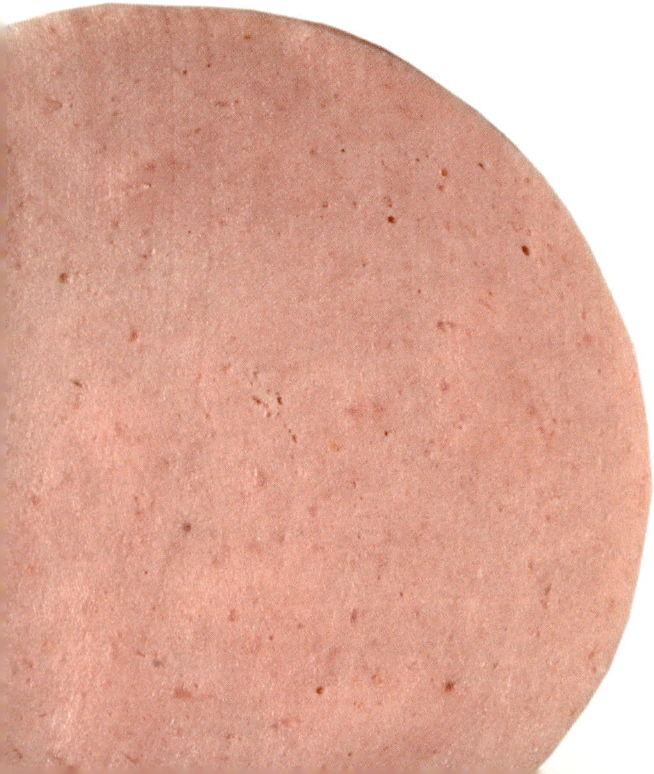

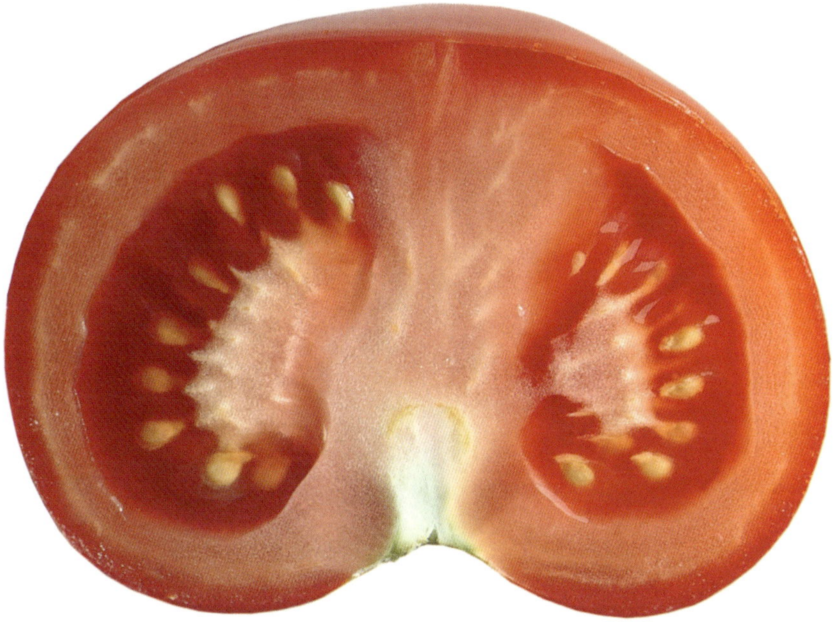

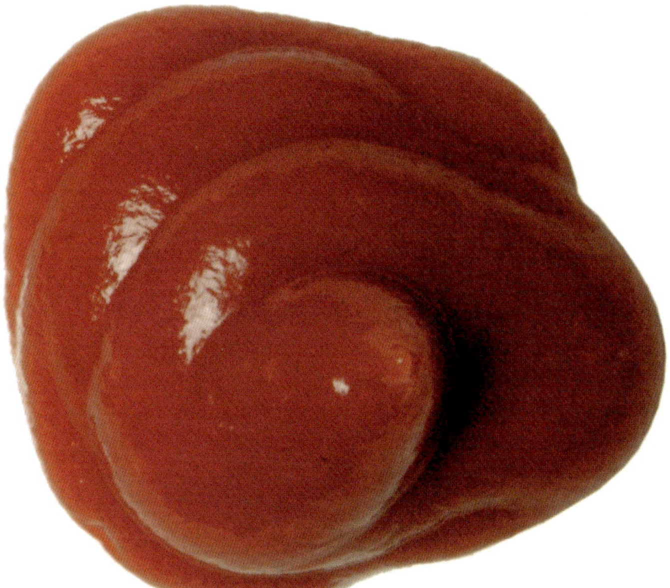

1

Auch die bekannteste Limonade der Welt, Coca-Cola, geht auf eine bemerkenswerte Geschichte von Tarnen und Täuschen zurück. 1886 entwickelte der Apotheker Dr. John Stith Pemberton ein kokainhaltiges Rauschgetränk, das er „Pemberton's French Wine Coca" nannte. Als Vorbild diente ein französisches Modegetränk namens „Vin Mariani", das Bordeauxwein mit Kokablättern versetzte. Da in den Vereinigten Staaten ab 1886 die Prohibition herrschte, bewarb Pemberton seine Erfindung als nunmehr „alkoholfreies Getränk für Intellektuelle". Coca-Cola galt als „gut für die Gesundheit und lebensverlängernd" und wurde gegen Müdigkeit, Verdauungsstörungen und Nervenkrankheiten eingesetzt. 1902 musste die kokainhaltige Sustanz aus der Rezeptur entfernt werden, womit der Entwicklung zum Kinder- und Jugendgetränk nichts mehr im Wege stand. Doch das leicht rebellische Image blieb dem prickelnden, dunklen Drink bis heute erhalten.

Meister der Abstraktion

Die Idee des Täuschens gipfelt heutzutage in Produkten, die eine formale sowie geschmackliche Abstraktion als Mittel zum Zweck benutzen. Die Entfremdung sorgt für eine aromatische und optische Abkehr vom Grundprodukt. Das Fischstäbchen etwa begeistert seit knapp 40 Jahren Kinder und Erwachsene ebenso wie erklärte Fischmuffel. Das Erfolgsgeheimnis der frittierten Quader liegt in der bewussten Entfremdung vom Ausgangsprodukt. Außen knusprig und innen wunderbar weich, sehen die goldgelben Klötzchen weder aus wie Fisch, noch schmecken sie danach. Die streng geometrische Form entfremdet das Grundprodukt hervorragend und täuscht selbst eingeschworene Fleischliebhaber über die tatsächliche Zusammensetzung hinweg. Kantig wie ein Bauklotz, überdeckt die knusprige Hülle zudem den ohnehin schwachen Geschmack

2

der strahlend weißen Fülle. Die Grundsubstanz Fisch wird weder auf der Packung noch in Werbespots gezeigt, denn in der Abstraktion liegt der Erfolg. In der Vorstellung der Konsumenten haben Fischstäbchen „keine Eltern", können weder schwimmen noch fressen und müssen nicht gefangen werden, sondern erblicken in der Fabrik das Licht der Welt. Nach einem ähnlichen Prinzip funktionieren auch die Chicken-Nuggets. Das Aussehen der frittierten Häppchen erinnert nicht im Entferntesten an die Anatomie eines Huhns.

Ein anderer globaler Megaseller erinnert nur noch aufgrund der Farbe an sein Ausgangsprodukt, nämlich das Ketchup. Inspiriert von einer asiatischen Gewürzsauce, wurde die gesüßte Tomatensauce 1878 von Harry Heinz erstmals industriell hergestellt und gilt somit als eines der ersten Fertigprodukte der Lebensmittelgeschichte. Das Wort Ketchup leitet sich vom chinesischen Begriff „ketsiap" her, der in ähnlichen Formulierungen auch in anderen asiatischen Sprachräumen zu finden ist („kechap" – indonesisch, „kachiap" – siamesisch). Auch dieses Nahrungsmittel ist so stark von seinem Grundprodukt entfremdet, dass selbst erklärte Tomatenhasser ihre Pommes genussvoll darin eintauchen. Weder Geschmack noch Konsistenz korrespondieren mit der Tomate, so dass manche Kinder die verhasste Frucht als Grundstoff der roten Sauce nicht einmal zur Kenntnis nehmen. Dabei hatte die Tomate ursprünglich mit dem weltweit beliebten Geschmacksverstärker überhaupt nichts zu tun, handelt es sich doch um eine uralte Fischsauce.

1 Diese Würstchen erinnern nur optisch an Frankfurter, denn in Wahrheit bestehen sie aus Marzipan.

2 In „Tokyo Disney Land" macht das Corporate Design selbst vor den angebotenen Snacks nicht Halt. Burger gehen in der Form von Micky-Maus-Köpfen über die Theke.

1

Zerkleinern, Passieren und Faschieren entfremdet Zutaten bis zur Unkenntlichkeit. Grundprodukte in ihre kleinsten Bestandteile zu zerlegen und anschließend neu zusammenzufügen, bildet das Grundprinzip vieler erfolgreicher Nahrungsmittel. Der Wille zur Abstraktion gipfelt im Anspruch, Lebensmittel völlig richtungslos zu gestalten. Das gleichmäßige sanfte Rosarot eines Wurstrades lässt den Konsumenten vergessen, dass er tierische Bestandteile verzehrt. Gewachsene Produkte wie Fleisch oder Gemüse haben Fasern, Knochen oder Stege, doch bewusst Gestaltetes, vom Leberkäse* über diverse Pasteten bis zum Schmelzkäse, präsentieren sich absolut gleichförmig. So büßte auch das Spinatblatt im Zuge der Tiefkühleuphorie sein natürliches Erscheinungsbild ein. Kaum jemand würde wohl ein grünes Blatt als Ausgangssubstanz hinter dem einheitlichen, matt-grünen Quader vermuten – und so mancher Konsumenten weiß wahrscheinlich gar nicht, wie eine Spinatpflanze tatsächlich aussieht.

Gipfel der Entfremdung

Mit zunehmender Entfremdung von Nahrungsmitteln, sei es durch Herstellungs- oder Konservierungsverfahren, werden aber auch die herkömmlichen Möglichkeiten des Konsumenten, das Produkt auf Qualität und Frische zu überprüfen, stark eingeschränkt. Während die Sinnesorgane des Menschen ursprünglich auf das Erkennen von unverdorbener und wohlschmeckender Nahrung ausgerichtet waren, benötigt der Supermarktbesucher heute nur noch ein Auge für das Ablaufdatum. Der bequeme Kunde ist nicht undankbar, kann er doch so einen Großteil seiner Verantwortung beim Lebensmittelkauf auf den Erzeuger abwälzen. Dieser übernimmt die Frischekontrolle für Fisch, Fleisch oder Gemüse, die fein säuberlich in Panier und/oder Karton verpackt auf ihre Kunden warten. In diesem Sinn kann die Institution des Supermarkts an sich als Abstraktion bezeichnet werden, die die sensuelle Komponente der Nahrungsbeschaffung größtenteils unterbindet. Viele Kunden sind an die reinliche, ja sogar steril anmutende Präsentation der Esswaren bereits derart gewohnt, dass sie einen Markt im ursprünglichen Sinn als unappetitlich empfinden. Das Natürliche wird so zum Ungewohnten und Abschreckenden, das Künstliche zur alltäglichen Gewohnheit.

* Fleischkäse

1 Gemüse gelangt zunehmend vorportioniert, gewaschen und hygienisch verpackt in die Verkaufsregale. Viele Kunden sind an die reinliche, ja sogar steril anmutende Präsentation der Esswaren bereits derart gewohnt, dass sie einen Markt im ursprünglichen Sinn als unappetitlich empfinden.

Baukästen und Werkzeuge
Symbiose und essbare Hilfsmittel

1

Haben Sie sich schon einmal gefragt, warum eine Scheibe Toastschinken rechteckig ist und nicht rund? Ebenso wie bei vielen anderen Produkten des täglichen Lebens ist die spezielle Form von Toastschinken und Scheiblettenkäse nur in Zusammenhang mit dem rechteckigen Toastbrot zu verstehen. Wie ein Schuhlöffel zu Schuhen, ein Rad zum Wagen und ein Knopf zur Hose passen muss, so werden auch Größe und Gestalt von Lebensmitteln aufeinander abgestimmt. So gäbe es kein Eisstanitzel* ohne Eis und kein Hot-Dog-Brötchen ohne Frankfurter** Würstchen. Das Aussehen vieler Esswaren ist das Ergebnis ihrer Anpassung an andere Nahrungsmittel.

Kulinarisches Baukastensystem

Vermutlich wäre nie jemand auf die Idee gekommen, Schinken in eine unnatürliche quadratische Form zu pressen, hätte es nicht bereits das Toastbrot gegeben. Kein Schwein dieser Welt besitzt rechtwinkelige Oberschenkel – und dennoch erachten Millionen von Kunden die Form des so genannten Toastblocks als völlig selbstverständlich. Auch der 1950 in den USA erfundene Scheiblettenkäse ist von der ursprünglichen Form des Käselaibs stark abstrahiert. In dieser Weise entstand für die eckigen Weißbrotscheiben ein kulinarisches Baukastensystem, das je nach Geschmack und Hunger in unterschiedlichen Varianten zusammengesetzt werden kann. Aus purer Bequemlichkeit nimmt der Kunde eine gewisse Abwandlung herkömmlicher Produkte in Kauf, was im Fall von eckigem Käse oder Schinken auch adaptierte Herstellungsverfahren und Rezepturen bedeutet. Dabei erscheint das bisher äußerst erfolgreiche Konzept noch durchaus ausbaufähig. Es bleibt abzuwarten, ob sich im Laufe der Zeit auch noch quadratische Tomaten- oder Ananasscheiben dazugesellen werden. Wer weiß, vielleicht füllen wir unsere Toasts bald schon mit hart gekochten Straußeneiern im passenden Format.

Jeder Wurst ihr Brot

Den Grundstein zur Idee, Brot und Belag formal aufeinander abzustimmen, legte der Brite John Montagu, der vierte Earl of Sandwich. Um eine Partie nicht unterbrechen zu müssen, orderte der passionierte Kartenspieler im Jahre 1762 seine Mahlzeit zwischen zwei Brotstücken. Sein Küchenchef servierte ihm gefüllte, zusammengeklappte Weißbrotscheiben und ging als Erfinder des Sandwichs in die Geschichte der Kulinarik ein. Mittlerweile gehört der belegte Snack gemeinsam mit Hot Dog, Hamburger und Sushi zur Familie des globalisierten Fast

2

Food. Von Singapur über New York bis nach Buenos Aires verdanken diese Gerichte ihren Erfolg nicht zuletzt dem passgenauen Zusammenspiel von Belag und Trägermaterial.

Jahrhunderte lang war das Gebäck, sei es die Schrippe in Berlin, das Panino in Italien oder die in Form und Gewicht genormte Kaisersemmel, mit recht unterschiedlichen Wurstformen und -größen konfrontiert. Das jeweilige Gedärm von Schwein, Rind oder Schaf bestimmte das Aussehen und die Größe der jahrtausendealten Speise. Traditionelle Wurstmanufakturen füllen die ortsspezifischen und vielfach geheimen Fleischmischungen noch heute in leere Tiergedärme und erschaffen damit essbare Unikate. Die gewählte Wursthaut kann je nach Anlass und Jahreszeit variieren. Fleischer im norditalienischen Felino beispielsweise füllen alljährlich vor Weihnachten Pferdedärme, um eine spezielle, vier Kilogramm schwere Salami auf den Markt zu bringen.

In den Zwanzigerjahren sorgte Walter Becker mit der Erfindung der ersten künstlichen Kollagen-Wursthülle an der technischen Universität Darmstadt für eine optische und herstellungstechnische Revolution. Die Kaliber von Würsten in artifiziellen Häuten, die heute aus Kollagen, Zellulosefaser oder Kunststoff hergestellt werden, waren nicht mehr von natürlichen Därmen abhängig, sondern konnten innerhalb herstellungstechnischer Grenzen frei gewählt werden. In der Folge wurden die Durchmesser vereinheitlicht und das Aussehen der Würste genormt. Auch wenn der Kunde bis heute eine Fülle von Rezepturen, Geschmacksrichtungen und Bezeichnungen im Feinkostregal vorfindet, sind die Durchmesser aller klassischen Aufschnittwürste doch gleich.

Der heutige Querschnitt bringt nicht nur für zehn Scheiben Aufschnitt à 1 mm genau 100 g auf die Waage, sondern bildet auch die Grundlage für einen beliebten Snack: Die 90 mm der Extrawurst*** passen nämlich haarscharf in die 50 g schwere Semmel, während Salami und Mortadella bekanntlich ein eher unbefriedigendes Wurstsemmelerlebnis verursachen. In ähnlicher Weise korrespondieren auch Wursthäute in

* Eistüte
** Wiener Würstchen
*** Fleischwurst

1 Nach dem Vorbild der Wurstsemmel oder des Schinkentoasts wäre auch ein passender Belag für Croissants und Kipferl denkbar.

2 Das Hot Dog wurde um 1900 in den USA erfunden und verdankt einen Gutteil seines Erfolges der uralten Idee, zähflüssige, heiße oder fette Zutaten in Teig zu hüllen, um sie auch unterwegs verzehren zu können.

1

1 Der Schinkenkäsetoast kann getrost als kulinarisches Baukastensystem bezeichnet werden. Wahrscheinlich wäre nie jemand auf die Idee gekommen, Schinken oder Käse in die unnatürliche, quadratische Form zu bringen, hätte es nicht bereits das Toastbrot gegeben.

2 Mit der Erfindung des Kunstdarms wurde der Durchmesser aller gängigen Aufschnittwürste vereinheitlicht. Die 90 mm von Krakauer, Lyoner & Co passen seither haargenau in die 50 g schwere Semmel, während Salami und Mortadella bekanntlich ein eher unbefriedigendes Wurstsemmelerlebnis verursachen.

2

1

„Brotform", in den USA unter dem Begriff D-Shape bekannt, mit der Schwarzbrotscheibe. Warum allerdings bis heute weder Wurst noch Schinken in Form von Croissants, Hörnchen oder anderen Gebäcksorten auf den Markt gekommen ist, bleibt rätselhaft.

Während perfekt belegte Wurstbrote und -semmeln relativ jungen Datums sind, hat ein anderes Produkt, das Brot und Belag konsumentenfreundlich kombiniert, bereits eine mehr als 100-jährige Geschichte. Um 1880 verkaufte ein Fleischer namens Charles Feltman auf Coney Island heiße Würstchen zwischen zwei Sandwichhälften und kreierte damit eine Vorform des heutigen Hot Dog. Bis zur Erschaffung der endgültigen Erscheinungsform des weltberühmten Snacks vergingen aber noch einige Jahre.

Um die Jahrhundertwende erfreuten sich Würste in Amerika großer Beliebtheit als kleine Mahlzeit für Zwischendurch, die man an einem Kiosk oder einer Wursttheke im Stehen genoss. Die Verkäufer wickelten die heiße Ware in dickes Papier, damit die Kunden sie in der Hand halten konnten. Der Legende nach erregte der Bayer Antoine Feuchtwanger einiges Aufsehen, als er auf einer Messe in St. Louis 1904 weiße Handschuhe anstelle des Papiers an die Wurstesser verteilte, damit sich diese die Hände nicht beschmutzten. Da ein Großteil der beigestellten Schutzkleidung jedoch in Manteltaschen oder sonst wohin verschwand, sah sich Feuchtwanger gezwungen, eine andere Verpackung für den fettig heißen Snack zu ersinnen. Sein Schwager, ein gelernter Bäcker, reagierte prompt und entwickelte kurzerhand ein Weckerl**, das in Form und Größe perfekt über das Würstchen passte – und damit war der Hot Dog geboren.

Essbares Schutzschild

Im Fall von Fingerfood werden Bestandteile der Nahrung zu Hilfsmitteln, die einen unkomplizierten Verzehr des Snacks erlauben. Egal, ob Hühnernuggets, Milchschnitte oder Prinzenrolle, ohne Trägermaterial wären Inhalt oder Belag nicht einfach auf dem Weg von A nach B zu verzehren. Teigmassen, Panier oder harte Schokolade isolieren gegen Hitze und bewahren die Hände vor Flecken. Ähnlich wie der Kunststoff um Stromkabel oder der Holzgriff einer Bratpfanne fungieren diese Hüllen als Isoliermaterial. So schützt die schlechte Wärmeleitfähigkeit eines Hamburger-Buns die Finger vor dem dampfenden Fleischlaibchen. Die Saugfähigkeit des Brotes vermag zudem das Saucenpotpourri einigermaßen in Zaum zu halten. Auf diese Weise wird schmutzigen Blusen und fleckigen Krawatten vorgebeugt. Da der horizontale Schnitt durch das Hamburgerbrötchen eine weitere potenzielle Gefahrenquelle darstellt, könnten wir uns die zukünftige Entwicklung eines „Einbissenburgers" vorstellen. Eine vollständig geschlossene Brotummantelung bei zusätzlicher optimaler Mundgerechtigkeit würde die Fleckengefahr praktisch auf Null reduzie-

2

ren. Ebenso wären Würstchen, die bereits mit Senf oder Ketchup gefüllt in die Supermarktregale wandern, denkbar.

Essbare Ummantelungen schützen also vor Hitze und fettigen Fingern. Als ein wahrer Klassiker des Food Design bewahrt eine sehr begehrte Süßspeise vor der Wärme des menschlichen Körpers: Eiscreme schmilzt bei Berührung bereits nach wenigen Sekunden zu einem unansehnlichen Saft, weswegen sie unmöglich mit den Fingern verzehrt werden kann. Als Jacob Fussel 1851 in Baltimore die erste Eisfabrik der Welt gründete, begann sich Eis vom Luxusgut zur Massenware zu entwickeln. Während Adelige das Dessert aus gläsernen Schalen gelöffelt hatten, musste das Gelato beim Verkauf über die Gasse in billige Wegwerfbehälter gefüllt werden. Was lag also näher, als die uralte Idee des Waffelteigs mit jener des essbaren Geschirrs zu verbinden und daraus das Eisstanitzel*** zu kreieren?

* Fleischwurst
** Brötchen
*** Eistüte

1 Mit Ketchup und Senf gefüllte Würstchen würden nicht nur die Fleckengefahr reduzieren, sondern auch den Pappteller als Unterlage für die Beilagen einsparen.

2 Das 1941 in den USA patentierte Eisstanitzel fungiert als essbarer Becher. Die schlechte Wärmeleitfähigkeit des Waffelteigs schützt das leicht schmelzende Speiseeis außerdem vor der menschlichen Körperwärme.

Beilagen statt Geschirr

Vom Kebab bis zur Frühlingsrolle, von der Apfeltasche bis zum Pain au Chocolat bildet die Kombination eines genießbaren Trägermaterials mit einer „riskanten" Fülle die Grundlage vieler Snacks. Brot und andere Teige schützen die Finger vor Heißem, Kaltem, Fragilem, Fettreichem oder Flüssigem. Die Idee, Essbares als Geschirr zu benutzen, ist nicht neu. In Nordafrika und Teilen Kleinasiens existierte in antiker Zeit ein gefülltes Fladenbrot namens Pita, das die Römer nach Italien importierten und das der späteren Pizza ihren Namen gab. Das italienische Nationalgericht wurde in der Renaissance erschaffen, wobei die Idee, festen, dichten Teig als Teller für andere Zutaten zu benutzen, durchaus keine Erfindung der neapolitanischen Pizzaköche war. Schon vor dem 17. Jahrhundert war der Brauch verbreitet, Bratenstücke auf Brotscheiben zu servieren, die den Saft auffingen. Auch das kostbare Salz kam nicht im Fässchen oder Streuer auf den Tisch, sondern wurde den Gästen in ausgehöhlten Brotstücken zugeteilt.

Ersetzen Brotscheiben und Teigfladen Teller und Schüsseln, so zielt die Gestaltung anderer Lebensmittel darauf ab, für Messer und Gabel einzuspringen. Da sich das Besteck erst nach der Renaissance schrittweise durchzusetzen begann, bestand jahrhundertelang die Notwendigkeit, Speisen so zu gestalten, dass sie problemlos mit den Fingern gegessen werden konnten. Die Römer etwa verzehrten ihre Gerichte vorgeschnitten und benutzten Brotstücke, um Saucen und Ähnliches zum Mund zu führen. Selbst der Sonnenkönig Ludwig XIV. speiste noch mit den Fingern, wohingegen Queen Victoria bereits mit edlem Silberbesteck hantierte. Vermutlich verwenden bis heute weltweit mehr Menschen Brot anstelle von Besteck aus Metall.

Tunken und Dippen

Brot eignet sich aufgrund seiner Konsistenz hervorragend als essbares Besteck. Während es erst beim Essen in eine passende Form gebrochen wird, sieht die Biskotte* bereits wie ein Löffel aus. Der kross gebackene Besteckersatz ist mundgerecht

1

und saugfähig, dient meist als Babynahrung und war in früheren Zeiten sogar als Partyfood en vogue. In den Zwanziger-jahren tauchten die Gäste rauschender Feste ihre Biskotte in Champagner statt in Apfelmus. Auch heutzutage profitiert Fingerfood vom so genannten Fun-Faktor. Gerade weil der Großteil der Nahrung bei uns auf die Gabel gespießt wird, bereitet es solchen Spaß, Pommes frites mit den Fingern ins Ketchup zu tauchen, mit Nachos scharfe Saucen zu konsumieren oder mit Waffelstücken Eiscreme zu löffeln. Essbares Besteck kehrt als Funfood an die Tafeln des 21. Jahrhunderts zurück: Das deutsche „Tunken" wird zum englischen „Dippen" – und Brot mit Sauce ist wieder chic.

* Löffelbiskuit

1 Die Idee, Backwaren als Löffelersatz zu benutzen, fand bereits in der Antike Verwendung. Brot, Pommes frites oder Salzstangen dienen bis heute als essbares „Besteck".

2 Die Verwendung von Messer und Gabel setzte sich nach der Renaissance nur schrittweise durch. Die Postkarte von 1902 zeigt, wie neapolitanische Kinder Spaghetti mit den bloßen Fingern verzehren.

2

1

2

1 Pizzaboden, Nachos, Cracker, Salzstangen oder Hohlhippen: Viele Lebensmittel dienen bis heute als essbarer Ersatz für Teller oder Besteck.

2 Zukunftsvision: Teller, Messer und Gabel aus verzehrtauglichen Grundstoffen

Knusperspaß und Farbenfreude
Haptik, Geräusch und Farbe

1

2

3

Mit dem Essen spielt man bekanntlich nicht. Oder doch? Allen moralischen Grundsätzen zum Trotz setzten Lebensmittelhersteller bei der Gestaltung vieler Produkte bewusst auf den Spieltrieb ihrer Konsumenten. So greifen Kinder mit Begeisterung in Packungen mit bunten Geleefrüchten, Teenager in Schüsseln mit knusprigen Krokodilen, Eulen oder Fischen und Erwachsene zu aufwändig dekorierten Torten. Blumen und Spiralen zieren Frühstückskekse oder Toastbrotscheiben, und bunte Pastasorten bringen Farbe in den grauen Alltag. Der Mensch spielt mit allem gerne.

Antike Spielereien

Erwartungsgemäß hat Funfood die wildesten Farb-, Form- und Geschmackskreationen hervorgebracht. Die bunte Gestaltungsvielfalt, von der Buchstabensuppe bis zur Zuckerwatte, soll Vergnügen bereiten und zum Konsum anregen. Ein entscheidendes Merkmal verspielter Esswaren ist die bewusste Abkehr vom alleinigen Prinzip der Nahrungsaufnahme zum Zwecke der Lebenserhaltung. Der Konsument verspeist Soletti, Chips und Erdnüsse aus purem Spaß oder aus Langeweile, aber nicht, um sich zu ernähren. Die Qualität von Funfood liegt daher auch weniger im Geschmack als vielmehr in einem propagierten Lebensgefühl. So vermittelt der Verzehr bestimmter Schokoriegel, Bonbons und Energydrinks eine ähnliche soziale Aufwertung wie (einst) das Rauchen einer Zigarette. Die Nahrungsaufnahme am Beginn des einundzwanzigsten Jahrhunderts soll cool sein, unterhalten und die Lebensfreude steigern.

Schon die Menschen der Renaissance beherrschten den spielerischen Umgang mit Speis und Trank. Wohlhabende Gastgeber verstanden, ihre Feste durch aufwändig gestaltete Speisen zu versüßen, deren Zweck zuallerletzt der Kalorienzufuhr diente. Bildhafte, verzehrtaugliche Darstellungen, die den Anlass der Feier thematisierten, gehörten ebenso zur Speisenfolge wie Bäumchen aus Silber, an denen Früchte und Gebäck in Form von Obst und Blüten hingen. Die Venezianer waren bekannt für ihre Zuckerskulpturen, die Landschaften und allegorische Szenen darstellten. Primäre Aufgabe der Speisenfolge war die Repräsentation. Skulpturen aus Buttercreme, manirierte Zuckerspinnereien und ähnlich dekadente Kreationen zierten über die Jahrhunderte hinweg Tafeln und Feste – und sind teilweise noch heute in den Schaufenstern berühmter Konditoreien zu bewundern. So sind etwa oftmals detailgetreue Nachbildungen von Personen des öffentlichen Lebens in den Auslagen der Wiener Traditionskonditorei Demel zu sehen. Zur Freude der Vorübergehenden lachen

4

5

6

7

Politiker, Fernsehstars und Spitzensportler in Zuckerguss und Schokolade aus den Fenstern.

Aus begehrter Handarbeit entwickelte sich im Lauf der Zeit ein florierender Industriezweig. Die Entdeckung der Zuckerrübe 1747 sowie die automatisierte Fertigung machten essbare Spielereien zum Massenartikel und lösten einen regelrechten Run auf lustige Lebensmittel aus. Heute wie damals überschwemmen süße Produkte in verspielter Form den Markt. Mashmallows erscheinen als Geister, Fruchtgummis als Vampire, Bonbons beinhalten „magische" Zutaten, die beim Verzehr die Zunge färben, und Lollipops offenbaren nach längerem Lutschen knackige Kausubstanzen. Süßigkeiten verlangen ihren Designern ein gehöriges Maß an Kreativität ab, und nicht selten entscheiden (oftmals sehr junge) Kunden über den Kauf einer Ware mehr nach der ausgefallenen Optik als nach dem Geschmack.

Katzen, Bären und Comicfiguren

Neben orange gefüllten Schokokeksen und himmelblauen Pommes frites verspeisen Kinder mit Vorliebe verniedlichte Nachbildungen realer Gegenstände. Egal, ob in Form von Speiseeis, „geschmackserweitertem" Zucker oder Schokolade, die Motive wechseln einander beinahe jährlich ab und bilden eine schrille Welt essbarer Spielwaren. Dinosaurier-Cracker und zoologisch inspirierte Knabbereien gehören ebenso zum Repertoire der Funfood-Produzenten wie mit Milchcreme gefüllte Nilpferde und Eislutscher in der Form von Comicfiguren. Zigaretten, Handys oder Geldscheine aus Zuckermasse oder Fruchtgummi warten auf junge Konsumenten, die somit leichter verschmerzen, dass sie das Original vorerst noch nicht kaufen können. Vielleicht spielen Kinder ja schon bald mit Barbie-Puppen aus Schokolade oder mit Bonbons in der Form von Legosteinen. In Japan hat die Firma Sanrio das enorme Potential essbarer Merchandising-Produkte bereits erkannt. Zu den beliebtesten Comicfiguren zählt im fernen Osten „Hello Kitty", eine kleine, weiße Katze mit einer rosaroten Masche. Die Auswahl an Fanartikeln mit dem Konterfei des Kätzchens reicht von Hausschuhen über Schultaschen bis hin zu Esswaren. Anhänger verspeisen Kekse, Nudeln und Schlecker in Form der kleinen Katze von Hello-Kitty-Tellern mit Hello-Kitty-Besteck.

1 bunte Zuckerstange

2 transparente Lollipops mit Kaugummifüllung

3 Seidenzuckerl

4 Pasta in der Form von Pokemon-Figuren mit Tomaten-Sauce und Bohnen

5 Kaugummi aus der Tube

6 Minihamburger aus Fruchtgummi

7 Schlecker mit Wikinger-Motiv

1

2

3

4

5

1 Bunter Zucker macht den Kaffee einmal mehr zum Vergnügen

2 Verniedlichte Nachbildungen realer Gegenstände lassen junge Konsumenten verschmerzen, dass sie das Original vorerst noch nicht besitzen können: Handy aus dunkler und heller Schokolade

3 Verspielte Lebensmittel, wie Frühstückszwieback mit spiralenförmigem Muster aus Kakaomasse, bringen Fun in den Alltag

4 Fans der Comic-Figur Hello Kitty verspeisen das Konterfei ihres Lieblings unter anderem als Cracker

5 Vielleicht naschen Kinder schon bald auch Süßigkeiten in der Form von Bauklötzen oder anderem Spielzeug

2

Bärenesser

In Europa stehen weniger Katzen als vielmehr Bären auf dem Speiseplan. In einer Hinterhofwaschküche in Bonn schlug 1922 die Geburtsstunde des Gummibären, dem Psychologen in der Zwischenzeit aggressionslindernde Fähigkeiten zuschreiben. Der Verzehr der menschenähnlichen Geschöpfe soll dem Esser ein Gefühl von Stärke und Überlegenheit verschaffen, das ihn so manchen Ärger vergessen lässt. Die gefärbten Gelatinefiguren stillen somit nicht nur den Heißhunger auf Süßes, sondern scheinbar auch den unterbewussten Heldenmut kleiner Großstadtjäger.

Der psychologischen Wirkung steht eine ausgeklügelte Farbgebung zur Seite. Ist Ihnen schon einmal aufgefallen, dass es keine violetten Gummibären gibt? Esswaren in natürlichen Farbtönen, wie gelb oder grün, signalisieren dem Verbraucher Bekömmlichkeit, während eine instinktive Hemmschwelle vor dem Verzehr dunkler, unnatürlicher Farbschattierungen besteht. Das Rot von reifen Himbeeren oder Kirschen lässt uns hingegen das Wasser im Mund zusammenlaufen, assoziiert doch das Unterbewusstsein mit dieser Farbe einen besonders süßen Genuss.

Kein Wunder also, dass die Mehrheit der Konsumenten laut Umfragen am liebsten zu roten Gummibären greift. Die deutsche Firma Haribo reagiert auf diese unbestrittene Vorliebe, indem sie doppelt so viele rotgefärbte Bären in ihre Pakkungen füllt wie weiße, gelbe, orange oder grüne. Rot ist Trumpf! Bei gleicher Form steht der Farbencode auch für fünf verschiedene Geschmacksrichtungen. Interessanterweise schmeckt dabei ausgerechnet der grüne Bär, der übrigens unter anderem mit Kiwi und Spinat gefärbt wird, nach Erdbeere…

Farben sprechen menschliche Urinstinkte an. Ihre Auswahl ist daher einer der wesentlichsten Faktoren bei der Gestaltung von Esswaren. Kaugummis, Zuckerln* und Frühstückszerealien nutzen den gewinnbringenden Effekt der Buntheit, wobei der gewählte Farbton dem Alter der jeweiligen Zielgruppe angepasst wird. Ganz im Gegensatz zu den Gelatinebären sind etwa die beliebtesten Smarties blau. Während das Altersspektrum der Gummibär-Kunden weit über die

* Bonbons

1 Das Jolly - ein zweifärbiger Eislutscher mit Schokoüberzug kam 1965 auf den Markt

2 comic-artige Logos unterstreichen den Spielzeug-Charakter von sogenanntem Funfood

1

40-Jährigen hinausreicht, sind die bunten Schokolinsen eindeutig ein Kinderprodukt.

Und junge Konsumenten verzehren mit Vorliebe unnatürliche Violett- und Blautöne, wie auch schwarze Bonbons oder blaues Ketchup (!) beweisen. Frühstückskekse, die beim Eintauchen die Milch blau färben, oder pinkfarbene Margarine sind nicht zuletzt deswegen bei den Jüngsten so begehrt, weil den Erwachsenen davor graut.

Illusionen vom Schlaraffenland

Neben ihrer spielerischen Gestaltung verführen Süßigkeiten und Knabberzeug auch mit Visionen vom paradiesischen Überfluss. Der Griff in eine scheinbar unendliche Menge kleiner Knabbereien verschafft dem Konsumenten ein wohliges Gefühl von Zufriedenheit und Überlegenheit. Die Kleinteiligkeit der diversen Knabbereien, die seit Jahrzehnten vor dem Fernseher ebenso wie bei Partys in großen Mengen genossen werden, verführt dazu, mehr zu essen, als man will. Scheinbar riesige Mengen an Kartoffelchips, Popcorn oder Erdnusslocken türmen sich auf den Tischen und drücken damit eine ausgelassene Stimmung aus. Gemeinsam bricht die fröhliche Runde alle Regeln von Anstand und Benimm. Entgegen den Verboten der alten Schule darf mit bloßen Händen in volle Schüsseln gegriffen werden, um gerade dadurch ein Gefühl der Gemeinsamkeit zu entwickeln. Beim Anblick prall gefüllter Schüsseln mit Brezeln, Fischen und Salzstangen in Miniaturform erwachen Urinstinkte von Überfluss und Reichtum – und innere Bilder vom legendären Schlaraffenland. Die Knabbereien bringen das kleine Glück in salzig-fettiger Form in jedes Wohnzimmer.

Mit bloßen Fingern

Mit den Fingern zu essen, macht außerdem Spaß. Der Großteil verspielter Esswaren wird mit den Händen verzehrt. Die Finger anstelle von Messer und Gabel zu benutzen, übt einen ganz besonderen Reiz aus. Egal, ob britische Scones zum Tee, französische Petits Fours zum Kaffee oder spanische Tapas zum Rioja, der Mensch „greift" gerne nach kulinarischen Genüssen. Auch das bei uns mittlerweile beliebte Sushi verspeisen traditionsbewusste, wohlerzogene Japaner stets mit den Händen. Fingerfood intensiviert den Kontakt zwischen Mensch und Nahrung und macht Essen zum mehrfach sinnlichen Erlebnis.

Die Art und Weise, wie sich die Oberfläche anfühlt, ob sie rau ist wie bei einem Knäckebrot oder glatt und warm wie die Haut eines Würstchens, bilden einen essenziellen Bestandteil der Nahrungsaufnahme. Neben Geruch, Optik und Geschmack kann der Esser die Speise so auch haptisch erfahren. Mit dem Tastsinn begreifen wir Textur und Temperatur von Lebensmitteln, machen uns ein Bild von ihrer Konsistenz und können sogar Rückschlüsse auf Frische und Genießbarkeit ziehen. Ein knackiger Cracker ist anziehend, ein matschiges Pommes frites abstoßend.

Knackiges Vergnügen

Neben Form und Geschmack spielen auch Geräusche beim Funfood eine wichtige Rolle. Bei der Firma Nestlé testen eigens entwickelte „Krustimeter" die akustischen Eindrücke während des Essvorgangs. Mikrofone zeichnen die Geräusche einer Maschine, die Cornflakes zerstampft und damit das Kaugeräusch im Mund simuliert, auf. Die Testergebnisse werden ausgewertet und die Rezepturen hinsichtlich des akustischen Verhaltens optimiert. Der Eindruck der Knusprigkeit von Crakkern und Müslis entsteht nicht zuletzt auch durch das Krachen in der Mundhöhle, das diese Produkte beim Verzehr verursachen. Werbespots, wie etwa jene von KitKat oder Pringles, inszenieren den Faktor Geräusch als unterhaltsames Charakteristikum ihrer Waren.

1 Die Farbwahl ist einer der wesentlichsten Faktoren bei der Gestaltung von Lebensmitteln. Natürliche Farbtöne, wie gelb oder grün, signalisieren dem Verbraucher Bekömmlichkeit, während eine instinktive Hemmschwelle vor dem Verzehr dunkler, unnatürlicher Farbschattierungen besteht. Das Rot von reifen Himbeeren oder Kirschen lässt uns hingegen das Wasser im Mund zusammenlaufen, assoziiert doch das Unterbewusstsein mit dieser Farbe einen besonders süßen Genuss.

1

Das unverwechselbare Knackgeräusch, das ertönt, sobald man zubeißt, gilt auch als Markenzeichen der 1805 von Johann Georg Lahner erfundenen Frankfurter*. Den akustischen Effekt verdankt das Würstchen dem schlanken Schafsdarm, in den der aus Frankfurt stammende Fleischermeister seine Kreation aus Rind- und Schweinefleisch füllte. Gerade das einzigartige Zusammenspiel aus cremiger, rosaroter Fleischmasse und knackiger Hülle macht das Würstchen zum Kassenschlager. Der Knalleffekt beim Zubeißen scheint derart charakteristisch für gewisse Wurstsorten zu sein, dass ihn die Knackwurst gleich im Namen führt. Ein möglichst lautes Knackgeräusch dürfte bei manchen Zeitgenossen ähnliche Glückshormone erzeugen wie bei anderen das Brummen eines Ferrarimotors. Wir essen eben nicht nur mit den Augen, sondern auch mit den Ohren.

* Wiener Würstchen

1 Pasta, Knabbergebäck, Bonbons und andere Süßigkeiten werden in phantasievollen Formen hergestellt und bilden eine schrille Welt essbarer Spielwaren.

Spannung in Hülle und Fülle
Das Zusammenspiel von Innen und Außen

Ganz gleich, ob wir Geschenke aufwändig verpacken, schnittig lackierte Autos fahren oder erotische Phantasien durch aufregende Kleidung stimulieren, die Faszination des Verdeckens und Versteckens durchdringt viele Bereiche des menschlichen Alltags. Verpackungen steigern den Wert des Inhalts, erwecken Neugierde und Begehren. Auch bei Tisch lieben wir die sinnliche Überraschung, die das gelungene Zusammenspiel von Hülle und Fülle auslöst.

Dass gefüllte Gerichte nicht nur am Speiseplan, sondern auch in der Unterhaltungsindustrie einen fixen Platz einnehmen, beweisen Regisseure und Cartoonisten, die das kulinarische Versteckspiel kreativ ins Bild setzen. So verhelfen etwa im Kuchen eingebackene Feilen den Ganovenbrüdern Dalton im Comic „Lucky Luke" immer wieder zur Flucht aus dem Gefängnis, während in Billy Wilders Filmkomödie „Some like it hot" mit Maschinenpistolen bewaffnete Banditen aus einer Geburtstagstorte heraus feuern. Auch Englands berühmtester Agent, James Bond, wird von einem einfallsreichen Dessert getäuscht: Im Film „Diamonds are forever" kostet ihn eine „Bombe Surprise" beinahe das Leben. Verborgene kulinarische Freuden, wie die Inhalte von gefüllten Braten, belgischen Pralinen oder französischen Pasteten, begeistern Feinschmecker auf der ganzen Welt. Bunte Kaugummis im Lollipop oder kleine Spielwaren im Schokopanzer bringen Kinderaugen zum Leuchten, und halbnackte Tänzerinnen krönen als nicht ganz geschmackssichere Tortenfüllung so manchen feierlichen Anlass.
Das sind, historisch betrachtet, freilich harmlose Füllungen, wenn man bedenkt, dass antike Orgienmeister angeblich ganze Vogelschwärme aus den Bäuchen gebratener Wildschweine auffliegen ließen, wie der Satiriker Petronius im fiktiven Gastmahl des Trimalchio lebhaft und anschaulich beschreibt. Die Römer liebten ebenso wie später die Fürsten der Renaissance extravagante Füllungen. Im Zuge großer Gastmähler sollen sogar Feuerschlucker und Tanzquartette aus gebackenen Pasteten zum Vorschein gekommen sein.

Spannung in Hülle und Fülle

Das Zusammenspiel von Hülle und Fülle verwandelt die simple Nahrungsaufnahme in eine spannende Erfahrung und regt den Erfindergeist von Köchen, Bäckern und Konditoren gehörig an. So finden Chinesen Glücksbotschaften in

1

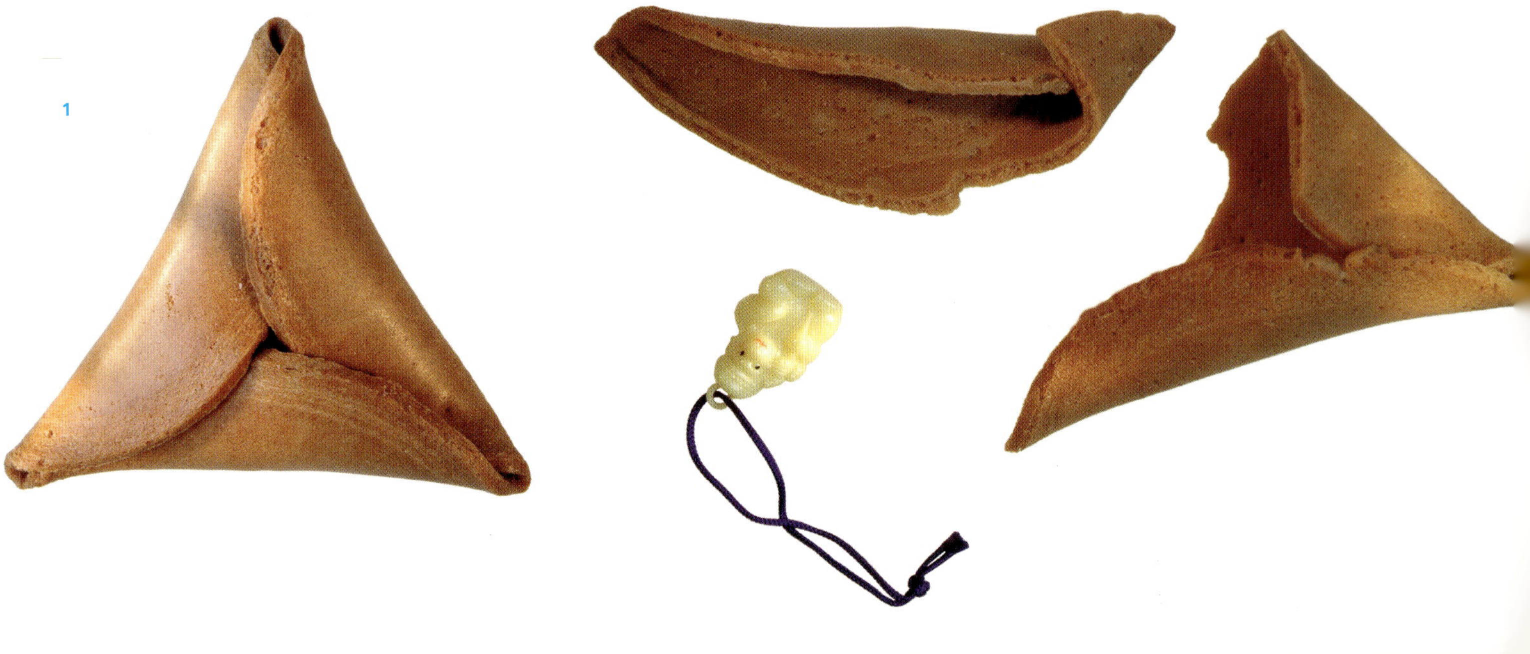

den gleichnamigen Keksen, japanische Kinder Spielwaren in kleinem Biskuitgebäck und die Bewohner der Britischen Inseln Münzen im Christmaspudding. Und welchem Nichtitaliener wäre die Piemont-Kirsche ein Begriff, läge sie nicht im Schoko-Kokon eines Mon Cheri-Bonbons versteckt?

Als Paradebeispiel eines wirkungsvollen süßen Versteckspiels gilt die Kinderüberraschung. Obwohl die Form des Schoko-Eis an sich wenig Originalität besitzt, begeistert das überraschende Innenleben seit 1974 kleine Spieler und große Sammler gleichermaßen. Dabei besteht die kreative Leistung des Herstellers in der Uminterpretation einer uralten Tradition. Der Brauch, Hühnereier zu Ostern bunt zu färben, stößt speziell in Italien auf großes Echo, wo sich mit Spielwaren gefüllte Schokoladeeier – zumeist in deutlich überdimensionierter Form – größter Beliebtheit erfreuen. Rund um Ostern überbieten einander Konditoren und Industrie-betriebe hinsichtlich Größe, Preisklasse und Füllung. Die Erfinder der Kinderüberraschung hatten den meisterhaften Einfall, das Ostergeschenk in verkleinerter Form ganzjährig anzubieten und landeten damit einen genialen Marketingcoup. Für detailverliebte Zeitgenossen

2

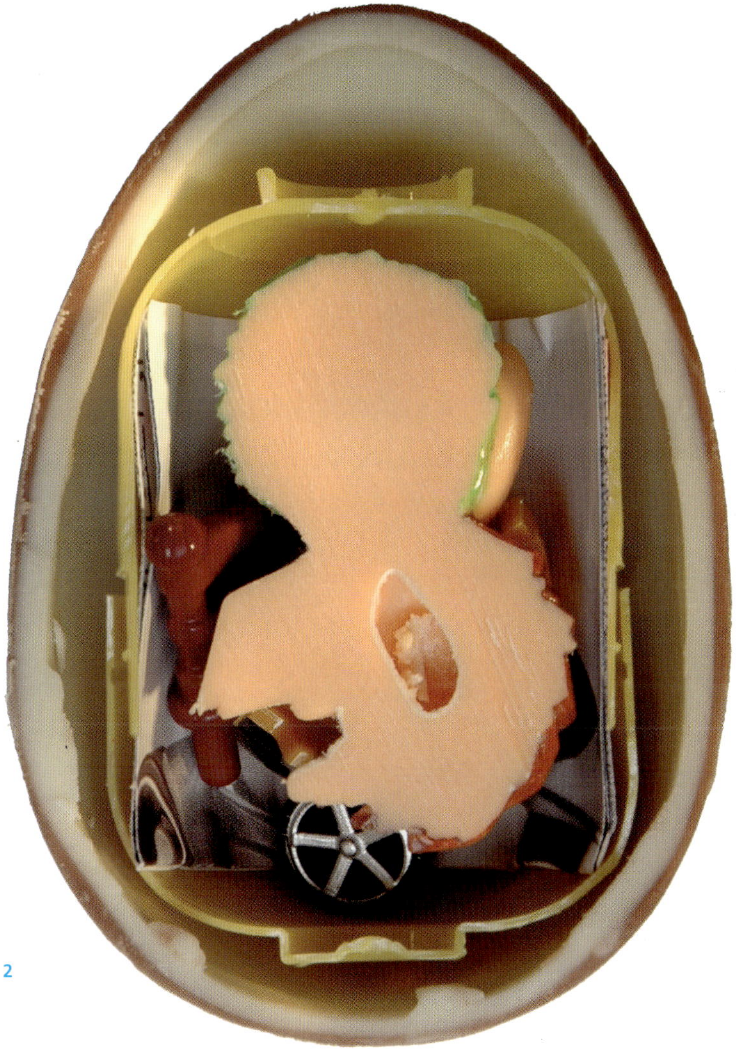

1 Das japanische Pendant zum Überraschungsei ist dieser dreieckige Keks, in dessen Innerem sich kleine Spielwaren verbergen.

2 Das Überraschungsei ist ein Meister der effektvollen Inszenierung. Seit 1974 begeistert die Kombination von essbarer Hülle und spielerischer Fülle Kinder und Sammler gleichermaßen.

1

2

färbt Ferrero den Kunststoffdotter übrigens gelb und die Innenseite der Schokohülle weiß.

Der Rest wird zum Fest

Zutaten in einer essbaren Hülle verschwinden zu lassen, kann freilich nicht immer höhere kulinarische Ansprüche erfüllen. Teige und andere Verkleidungen dienen oft auch als willkommenes Versteck für minderwertige Rohstoffe. Die Hülle veredelt nicht selten die Fülle und wertet den Inhalt auf. Würste beispielsweise dürfen sich in den seltensten Fällen allzu luxuriöser Zutaten rühmen. Fleischreste, die andernfalls kaum Abnehmer fänden, erfahren als Füllung von Därmen kulinarisches Recycling.

Schon die alten Griechen kannten das Geheimnis des Verwurstens, wie Homer anlässlich eines wurstigen Festes von Penelopes Werbern in der Odyssee berichtet. Antike Zeitgenossen füllten Fleischstücke, Blut und Innereien in Tiergedärme und schätzten neben dem Geschmack auch die konservierenden Eigenschaften der Wurst. Die Beigabe von Salz sowie das Trocknen oder Räuchern schenkte den Urahnen von Mortadella und Klobasse ein langes Leben. Zu Haltbarkeit und Nährwert gesellte sich ein leicht frivoler Beigeschmack beim Verzehr der krumm geformten Speise, die mit dem aufkommenden Christentum sogar zeitweise verboten wurde. Wie unterschiedlich in den folgenden Jahrhunderten in Europa verwurstet wurde, zeigen nicht zuletzt die unzähligen ortsspezifischen Wurstnamen, die bis heute erhalten geblieben sind: Wiener, Krakauer, Nürnberger, Göttinger, Debreziner, Mailänder, Polnische, Braunschweiger, Lyoner und andere bilden eine eigene Geographie der Wurstbezeichnungen.

Fleischreste wandern in die Wurst – und Wurstreste in den Knödel. In Österreich stehen Wurstknödel oft und gerne auf dem Speiseplan – und verdienen durchaus die

3

1 Das Erdbeerkombino bietet von Außen nach Innen eine aufregende Abfolge unterschiedlicher Farben, Konsistenzen und Geschmäcker.

2 Auch das Fischstäbchen punktet mit dem gekonnten Zusammenspiel von weicher Fülle und knuspriger Hülle. Die strukturierte Oberfläche gewährleistet außerdem, dass die vorportionierten Quader in der Packung nicht aneinander festfrieren.

3 Der optische Effekt geschichteter oder gerollter Esswaren kommt erst beim Aufschneiden zum Vorschein.

1

saloppe Bezeichnung „Wochenschau". Der übrig gebliebene Braten vom Montag gesellt sich zum Mittwochschinken, um in Kombination mit Abschnitten vom Donnerstag als wohlschmeckender Kern eines Teigstücks aus Kartoffeln, Eiern und Mehl am Freitag zu reüssieren. Die österreichische Spezialität wähnt sich in guter, internationaler Gesellschaft. Zu den Klassikern der kulinarischen Resteverwertung gehört auch die Pastete, schon in antiken Theatern ein gern gegessener Snack, der aus der Türkei stammende Strudel und die berüchtigten britischen Pies. Auch der mittlerweile weltberühmte Hamburger startete seine Karriere als Resteessen. Den Vorläufer des Inbegriffs amerikanischer Essgewohnheiten bildete nämlich das so genannte „Rundstück warm": Ein rundes Brötchen, das in Hamburg schon im 17. Jahrhundert existierte, wurde mit den Resten des Sonntagsbratens gefüllt. Erst nach dem Export über den Atlantik wurde der Inhalt der Gebäckstücke faschiert, und die Rezeptur machte als Hamburger Furore.

Ob Pastetenbäcker oder Wurstmacher, sie alle beherrschen die Kunst des Kaschierens. Selbst Konditoren stehen ihren Kollegen in dieser Disziplin um nichts nach. So wandern zum Beispiel beim Wiener Punschkrapferl unansehnliche Tortenreste unter einen knallrosa Zuckerguss und damit in neuem Glanz zurück in die Kuchenvitrine. Zwar sieht das Originalrezept ausschließlich frische Biskuitabschnitte vor, doch vermag die hübsche, pinke Glasur auch andere Teigreste gut zu verbergen. Dabei gaukeln geschäftstüchtige Küchenmeister nicht nur ihren Kunden die heile Welt vor. Mancherorts geht der Mut zur Täuschung sogar so weit, den Herrgott höchstpersönlich hinters Licht zu führen. So nennen die Schwaben ihre Maultaschen gerne „Herrgottsbscheisserl". Sie lassen Fleisch, ähnlich wie bei den Ravioli, in undurchsichtigen Teigverpackungen verschwinden und machen sie damit für den lieben Gott unsichtbar! Das raffinierte Fleischversteck darf somit auch an Fastagen mit ruhigem Gewissen verspeist werden.

Essbare Schutzpanzer

Essbare Ummantelungen dienen aber nicht nur als Versteck heimlicher Genüsse, sondern auch als kulinarische Rüstungen. Ebenso wie Kleidung den menschlichen Körper vor Kälte, Nässe oder Hitze bewahrt – isolieren, stabilisieren und konservieren Glasuren, Häute und Rinden ihren labilen oder leicht verderblichen Inhalt. Von der Schokobanane bis zum Frankfurter wären die Füllungen unzähliger Produkte ohne ihre essbaren Schutzpanzer dem Verderben, Zerbrechen oder Vertrocknen ausgeliefert.

Kaugummis etwa werden mit einer wasserdichten Drageekruste überzogen, damit sie während längerer Lagerzeiten nicht austrocknen. Diese Schutzschicht aus Zucker, Farb- und Aromastoffen verleiht den Kauprodukten Formstabilität und eine lang anhaltende, elastische Beschaffenheit. Auch die verschiedenfarbigen Schichten der Mozartkugel benötigen ihre Schokohaut zum Schutz vor äußeren Einflüssen. Marzipan und Nougat würden ohne Hülle an der Luft eintrocken, steinhart und somit das kulinarische Erlebnis schmälern. Die harte Schale hält den Inhalt frisch und in Form.

Unzählige Rezepturen rund um den Erdball erfüllen ähnliche Zwecke. So bewahrt Blätterteig Fleisch während des Garens vor dem Austrocknen – und der Teigmantel der Tortellini die instabile Füllmasse vor dem Zerfall im Kochtopf. Eine Schutzfunktion besonderer Art erfüllt auch die hauchdünne Hülle des so genannten Streuzuckers. Eine kaum sichtbare Ummantelung aus Kokosfett schützt die Zuckerkristalle vor Hitze, so dass sie auch auf warmen Mehlspeisen nicht zerschmelzen.

Gestalterisches Vorbild vieler Hüllen ist das Ei, das alle Vorzüge einer Ummantelung vereint. Die Schale schützt das

2

1 Aus Alt mach Neu: Unter der rosaroten Zuckerglasur des Punschkrapferls verschwinden Kuchenreste der vergangenen Tage und wandern im neuen Kleid abermals in die Kuchenvitrine.

2 Die dünne Schokoladeglasur der Schwedenbombe verdankt ihre Stabilität der kuppelartige Geometrie. Trotz minimaler Materialstärke nimmt die gekrümmte Form Kräfte, die etwa durch den Fingerdruck des Essers entstehen, besser auf, als es die ebenen Seitenflächen eines Quaders tun würden.

heranwachsende Küken vor äußeren Einflüssen und bewahrt den Inhalt unbefruchteter Eier längerfristig vor dem Verderben. Seine Stabilität verdankt das Ei unter anderem seiner spezifischen Form. Die zweifach gekrümmte Geometrie leitet äußere Kräfte perfekt ab, ohne gleich zu zerplatzen. So wäre ein rechteckiges Ei zwar wesentlich komfortabler zu transportieren, doch die mangelnde Festigkeit der ebenen Seitenflächen würde wesentlich schneller zum Bruch führen.

1

Das Vorbild aus der Natur findet seine Nachahmer unter anderem in der hauchdünnen Schale der Schwedenbombe*. Die kuppelförmige und somit äußerst stabile Schokohülle nimmt Kräfte, die zum Beispiel durch den Fingerdruck des Essers entstehen, perfekt auf. Der süße Panzer schützt dabei nicht nur vor gierigen Griffen, sondern auch vor dem Raumklima. Die dichte Haut hält die aufgeschlagene Creme in Form, welche ohne Hülle an der Luft rasch in sich zusammenfiele.

Wie der Rum in die Kugel kommt

Süße Hüllen erweisen sich als wahre Meister einer effektvollen Inszenierung. Überraschung heißt das Zauberwort, denn gerade die Ungewissheit, welcher Geschmack den Gaumen erfreuen wird, macht den Genuss von gefüllten Süßigkeiten zum kulinarischen Abenteuer. Von Marzipan über Nougat bis zu feinsten Likören bieten ihre Füllungen alles, was echte Naschkatzen begehren. Edelste Zutaten und originelle Ideen prägen das verführerische Innenleben zahlreicher süßer Häppchen.

Der Legende nach verdankt die Welt die Erfindung der Praline einem kleinen Missgeschick. Demnach rutschte einem französischen Küchenjungen im Jahre 1671 eine Schüssel voller Mandeln aus den Händen und fiel zu Boden. Der wütende Küchenchef holte sogleich zu einer saftigen

Ohrfeige aus. Im aggressiven Eifer patzte auch er und schüttete einen Topf mit gebranntem Zucker über die verstreuten Mandeln. Das Malheur war perfekt, zumal der Herzog von Plessis-Praslin ungeduldig auf sein Dessert wartete. Notgedrungen servierten die verzweifelten Köche das Produkt des kulinarischen Debakels und lösten damit unerwartete Begeisterung aus. Monsieur Plessis-Praslin zeigte sich von der neuartigen Nascherei so beeindruckt, dass er der Süßspeise kurzerhand seinen Namen gab. Im Laufe der Zeit wandelte sich Praslin zur heute üblichen Bezeichnung Praline, und der Zuckerguss wich der wesentlich stabileren Schokoladeglasur.

Haben Sie sich schon einmal gefragt, wie der Rum in die Kugel kommt? Industrie und Konditoren verrühren Alkohol und Zucker zu einer zähflüssigen Lösung, spritzen die Masse in die jeweils passende Form – und warten. Während dieser Ruhepause für die Hersteller weicht der Zucker nach außen und bildet dort eine kristalline Hülle um den flüssigen Alkoholkern herum. Da diese Ummantelung allerdings zu spröde ist, um schadlos den Weg in die Verkaufsregale zu überstehen, werden die Kugeln anschließend noch mit Schokolade dragiert – und fertig ist die Rumkugel.

2

* Mohrenkopf

1 Die Brotkruste setzt nicht nur einen knusprigen Akzent gegenüber dem weichen Teig, sondern fungiert auch als essbarer Schutzpanzer, der das Innenleben vor Austrocknung und Verformung schützt.

2 Der optische und geschmackliche Kontrast zwischen Innen und Außen macht den Erfolg vieler Pralinen aus.

Milka

Die Lust am Teilen
Vom Brechen, Schneiden und Portionieren

1

Teilen ist ein wesentlicher Bestandteil unserer Existenz. Vom Zerteilen über das Ein- und Austeilen bis hin zum Umverteilen betrifft es praktisch alle Lebensbereiche. Gerade auf dem Sektor Nahrung spielt das Teilen eine übergeordnete Rolle und beeinflusst die Gestaltung jener Waren, die wir in den Mund nehmen, nachhaltig. Das Zerlegen eines Ganzen in einzelne Stücke beschäftigt Köche bei der Gestaltung ihrer Speisen, Hersteller beim Entwurf ihrer Produkte und hinterlässt seine Spuren auch in der Sprache. Ob Cremeschnitte, Aufschnitt oder Geschnetzeltes, die Namen vieler Speisen thematisieren den Vorgang des Teilens. Auch südlich der Alpen prägte das Teilen die Bezeichnung so mancher Speise. Mozzarella geht auf „mozzare", abschneiden, zurück; die Tagliatelle, wörtlich übersetzt die „Abgeschnittenen", verdanken ihren Namen dem italienischen Wort „tagliare" (dt.: ab- oder zuschneiden).

Ob wir schneiden, brechen, abbeißen oder einfach auslöffeln: Der Mensch verlangt nach schneller, möglichst appetitlicher und einfacher Teilbarkeit seiner Nahrung. Am Akt des Zerlegens offenbaren sich Kinderstube und kulturelle Herkunft. Die Art, wie unser Gegenüber seine Finger gebraucht, ob er mit Stäbchen oder Silberbesteck hantiert, um die Nahrung zu teilen und in den Mund zu stecken, verrät oft mehr über seinen Charakter als das Tischgespräch.

Gerechtigkeit mit dem Messer

Seit Jahrhunderten gilt das Aufteilen von Speisen als verantwortungsvolle Aufgabe, die die hierarchische Stellung innerhalb einer Gemeinschaft ausdrückt und daher ursprünglich dem Familienoberhaupt vorbehalten war. Wie strikt dieses Vorrecht bis heute gehandhabt wird, zeigen Geburtstags- und Hochzeitstorten. Ein Sakrileg, würden die Trauzeugen

an Stelle des Brautpaares den Kuchen anschneiden! Egal, ob Süßspeisen oder Sonntagsbraten auf den Tisch kommen, wichtig ist nicht nur, wer zerteilt, sondern auch wie er es tut.

Um alle Gäste mit derselben Menge bedienen zu können, sind manche Speisen speziell auf gute Portionierbarkeit entwickelt worden. Die Form des Rollbratens zum Beispiel garantiert annähernd qualitativ gleichwertige Tranchen entlang der gesamten Länge, ohne lästige Randstücke. Ähnlich verhält es sich mit der Torte, deren Geometrie die gerechte Verteilung erleichtert. Rundes zu teilen, bedarf keines außergewöhnlich geschulten Augenmaßes. Halbieren, vierteln, achteln etc. geschieht durch einfache, gerade Schnitte, die immerfort denselben Mittelpunkt passieren. Zur bequemen Teilbarkeit gesellt sich der Symbolgehalt von Form und Vorgang: Der Kreis steht für Einheit und somit für moralische Werte wie Familie und Gemeinschaft. Eine „Sacher" oder „Schwarzwälder" in Scheiben oder Würfel zu schneiden, gilt als unverzeihlicher Fauxpas.

Anders als bei der Torte schneidet (traditionsgemäß) die Frau den Brotlaib – auch wenn dieser rund ist – stets in Scheiben. Diese Beobachtung wirft die Frage auf, warum Brotlaib und Torte, obwohl in Form und Größe ähnlich, grundsätzlich anders zerteilt werden. Da Brot nur dann geschnitten wird, wenn wir es belegen oder bestreichen wollen, erscheint die Form der Scheibe aus praktischen Überlegungen günstiger. Keilförmige Stücke sind wesentlich instabiler und lassen sich schlecht belegen. Ein weiterer Grund liegt wohl auch in der unterschiedlichen Bestimmung

1 Obwohl in Form und Größe ähnlich, werden Torte und Brotlaib grundsätzlich anders zerteilt. Demnach gilt es als Fauxpas, eine Torte in Scheiben oder ein Brot in Segmente zu schneiden.

1

der beiden Gerichte. Während das Brot ein alltägliches Nahrungsmittel ist, gilt die Torte als Festtagsessen. Als solches wird sie bei einem Anlass zur Gänze aufgeschnitten und sofort verspeist.

Klein, handlich und haltbar

Während der Form der einzelnen Brotscheiben keine besondere Bedeutung beigemessen wird, verstehen wir das Tortenstück stets als Teil eines Ganzen. Die dreieckigen Stücke symbolisieren das Einzelne innerhalb einer Gruppe, ein Umstand, den sich auch vorportionierte Lebensmittel zu Nutze machen. So suggerieren einzeln abgepackte Käseecken, dass sie sowohl das Ergebnis eines traditionellen Herstellungsprozesses als auch Teil eines großen Käselaibs sind. Da Schmelzkäse aus eingeschmolzenem Hartkäse besteht, kann er grundsätzlich in verschiedenste Formen gebracht werden. Zu dünnen Bändern gewalzt und geschnitten, kommt er als Scheibelette, in Dreiecksformen abgefüllt, als Käseeck auf den Markt.

Die kleinen, foliierten Dreiecke täuschen die Zugehörigkeit zu einem Ganzen, ja mehr noch, die Existenz einer imaginären Tischgemeinschaft vor. So streichen Hungrige im Singlehaushalt ihre Schmelzkäsebrote gewissermaßen als Teil einer landesweiten, kulinarischen Familie. Der Hersteller agiert als sinnbildliches Oberhaupt und verteilt vorsorglich den eingeschmolzenen Riesenlaib. Solcherart vordefinierte Stücke benötigen weder Augenmaß noch Schneidemesser und bedienen dadurch die Bequemlichkeit des Konsumenten. Die Packungsgröße gibt obendrein vor, über das Ausmaß des Hungers Bescheid zu wissen. Lebensmittelkonzerne übernehmen die Portionierung und entheben den Einzelnen der Entscheidung, wie viel Käse er auf sein Brot streicht.

Ähnlich praktisch begleitet ein mittlerweile vollkommen selbstverständlich gewordenes, vorportioniertes Nahrungsmittel die süßen Stunden des Lebens: der Zuckerwürfel. Noch bis zur Mitte des neunzehnten Jahrhunderts waren Zuckerhüte die einzig lieferbare Form von Zucker. Das Zerteilen der bis zu fünfzig Kilogramm schweren Kegel erforderte einiges Geschick und scharfes Werkzeug. Der Legende nach verletzte sich die Frau des böhmischen Zuckerfabrikanten Jakob Christoph Rad beim Ausbrechen süßer Stückchen so schwer, dass sie den Erfindungsgeist ihres Gatten anregte. In nur 3 Jahren entwickelte Rad eine Maschine, um angefeuchtete Zuckerkristalle in kleine, handliche Stücke zu pressen, und brachte im Jahr 1843 die so genannten „Theewürfel" oder „Wiener Würfel" auf den Markt.

Vom ursprünglich „echten" Würfel blieb in unseren Breiten allerdings nur der Name. Aus technischen Gründen weist der heutige Würfel nur noch jeweils vier gleich lange Kanten auf und sollte daher eigentlich präziser Zuckerquader heißen. Übrigens variieren die Proportionen der gepressten Kristalle bei annähernd gleichem Gewicht von Land zu Land. Auch auf der Packung steht nicht immer das Gleiche. Während die Tschechen ebenfalls den Ausdruck „Würfel" benutzen, legen sich die Franzosen und die Spanier geometrisch nicht so genau fest und süßen einfach mit „Zuckerstücken". In England wiederum wird der Afternoon Tea wörtlich übersetzt mit „Zuckerklumpen" verfeinert.

Mit mehr als 160 Jahren zählt der Würfelzucker neben dem Suppenwürfel zu den ältesten vorportionierten Produkten am Lebensmittelmarkt. Ursprünglich in Fläschchen, später in Pulver-, Tafel- oder Wurstform, fand der Rinderextrakt seine gestalterische Vollendung schließlich ebenfalls im populären Würfel. Im Jahr 1908 brachte der aus der Lombardei stammende Ernährungswissenschafter Julius Maggi seine berühmten Suppenwürfel auf den Markt. Heute ist die praktische Kochhilfe, die nahezu endlos im Vorratsschrank gelagert werden kann, aus dem Küchenalltag nicht mehr wegzudenken. Zahlreiche Nachahmer wie Spülmaschinentabs oder Spinat-Minis (in Österreich als

1 Die dreieckige Form einzeln verpackter Schmelzkäsestücke spielt mit dem traditionellen Teilungsverfahren von Käselaiben.

2 Klein, handlich, haltbar: Vorportionierte Waren vom Spülmaschinentab, über Suppen- und Zuckerwürfel bis zur Tablette bedienen die Bequemlichkeit des Konsumenten.

1

„Zwutschgerl" auf dem Markt) zeugen vom internationalen Erfolg vorportionierter Waren. Je nach Hunger und Laune darf der Konsument des 21. Jahrhunderts seine Teilchen zählen. Mittlerweile bieten Weltkonzerne eine Vielzahl solcher Portiönchen an, deren Grundprodukte von einfachen Gemüsesorten bis zu Pastasaucen reichen.

Komfort in der Küche und Flexibilität bei Verbrauch und Aufbewahrung gelten als neue Maßstäbe des Food Design. Die Annehmlichkeiten vorportionierter Lebensmittel wussten schon unsere Großeltern zu schätzen. Die Maßeinheiten alter Kuchenrezepte schreiben etwa den Schokoladeanteil nicht in Gramm, sondern mit Hilfe von Rippen vor. Da diese ohnehin fixen Gewichtseinheiten entsprechen, ersparen sie den Griff zur Waage. Vielleicht dürfen wir uns zukünftig sogar über Mehl- und Zuckertabs zu 50 Gramm oder 100 Gramm freuen.

Die Notwendigkeit, kleinste Einheiten auf den Markt zu bringen, um die steigende Zahl von Singlehaushalten zu bedienen, führt in Japan sogar zu speziellen Gemüsezüchtungen. Der japanische Detailhandelsriese Aeon Co. Ltd bietet ein speziell für allein stehende Personen entwickeltes Zwerggemüse an. Auf die Hälfte des üblichen Formats geschrumpfte Rettiche, Mini-Kürbisse, Mini-Karfiol* und andere Gemüsesorten stehen zum Verkauf. Nach Meinung des Konzerns seien allein lebende Menschen außerstande, große Gemüsesorten auch alleine zu verspeisen.

Ganz und gar nicht auf Bequemlichkeit bedacht, fanden vorgeschnittene Zutaten hingegen Einzug in die chinesische Küche. Köche litten nicht selten unter Brennstoffknappheit und kompensierten diesen Energiemangel durch möglichst klein geschnittene Fleisch- und Gemüsestücke.

* Blumenkohl

1 Der Entscheidung für oder gegen eine neue Form gehen unter anderem Studien über Ess- und Kauverhalten voraus. Ob und wie oft der Konsument abbeißt, definiert Größe und Geometrie des Produkts. Der menschlichen Physiognomie entsprechend eignen sich runde Formen besser als kantige, um als Ganzes im Mund zu verschwinden. Soll der Genuss länger als einen Bissen währen, dominieren schlanke, längliche Formen.

1

2

Diese konnten im Wok rasch und mit geringer Heizleistung bissfest gegart werden. Somit entfällt im östlichen Kulturkreis bis heute das Ritual des Teilens bei Tisch, werden doch sämtliche Speisen bereits mundgerecht serviert. Auch das Sushi, von dem viele Europäer fälschlicherweise abbeißen, verspeisen Japaner stets im Ganzen.

Der Mensch als das Maß aller Dinge

Beim Essen dient der Mensch als das Maß aller Dinge, wie der griechische Philosoph Protagoras bereits im 5. Jahrhundert v. Chr. konstatierte. Die Mundgerechtigkeit definiert Größe und Proportion vieler Lebensmittel. Kein Kind wäre wohl mit einem Bonbon von zehn Zentimeter Durchmesser oder mit einem scharfkantigen Lollipop glücklich. Und so beeinflussen Form und Funktionsweise des menschlichen Kauapparats die Gestalt vieler Erzeugnisse. Süßwaren- und Eiscremehersteller stimmen etwa die Portionsgröße ihrer Produkte auf das Alter der jeweiligen Zielgruppe ab. Das bei Erwachsenen beliebte Magnum zum Beispiel passt kaum zwischen die Lippen eines „Dreikäsehochs" und wäre mit seinen 86 Gramm ohnehin etwas zu reichhaltig. Ein Kindereis hingegen wiegt kaum mehr als 50 Gramm.

Kulinarische Happen, vom Kaubonbon bis zum Weihnachtskeks, von der Erdnusslocke bis zum Pizzacracker, sind stets so proportioniert, dass sie bequem auf einmal zwischen den Zähnen verschwinden können. Soll der Verzehr etwas länger währen als bloß einen Bissen, dominieren schlanke Formen zum Abbeißen. Ohne Messer und Gabel erlauben Knabbernossi, Katzenzunge oder Schokobanane einen zwar mobilen, aber dennoch appetitlichen Verzehr im Büro oder in der U-Bahn.

1 Optimal zum Abbeißen: Längliche Formen mit rundem Querschnitt

2 Mundgerechtigkeit ist ein wesentlicher Faktor beim Food Design.

Die Größe der angebotenen Portionen entspricht dabei auch den jeweiligen Vorstellungen von Lebensstil und Zeitgeist und wird von Herstellern immer wieder adaptiert. So brachte etwa der Zuckerwürfel ursprünglich 6 statt wie heute 4 Gramm auf die Waage. Die italienische Praline „Bacio" büßte seit ihrer Erfindung 1922 sogar fast ein Drittel ihres Gewichts ein. „Klein aber fein" lautet die Devise des 21. Jahrhunderts. Bacetti heißt die 10 Gramm Mini-Variante der italienischen Praline, die mittlerweile ebenso wie Schokoriegel, Eislutscher und Tiefkühlgemüse im Kleinformat angeboten wird. Der Trend korrespondiert mit der Gesundheits- und mit der Schlankheitswelle und steigert obendrein die Lust am Erlebnis „Essen". Fabrikanten gießen vermeintlich sündhafte Speisen wie Schokolade in immer kleinere Quader und liefern Linienbewussten auf diese Weise einen guten Vorwand, trotzdem zu Naschereien zu greifen.

1

2

Teilen in der Schreibtischlade

Viele einzelne Häppchen, die in einer größeren Packung versammelt sind, geben dem Konsumenten die Freiheit, einen individuellen Zeitplan für den Verzehr des Inhalts zu erstellen. Kekspackungen oder die in Österreich so beliebten Mannerschnitten sind Paradebeispiele für Portionierbarkeit. Nachdem die Mannerschnitte ebenso wie der Gummibär ursprünglich einzeln über den Ladentisch wanderte, liegen seit 1924 zehn Waffeln vorgeschnitten in der berühmten rosaroten Packung. Schnittstellen ermöglichen ein schnelles und müheloses Auseinanderbrechen und erleichtern obendrein die Aufbewahrung. Während halbverzehrten Snacks wie einem angebissenen Sandwich etwas Unappetitliches anhaftet, wartet die angebrochene Packung des Süßwaren-Klassikers hygienisch und sauber in der Schreibtischlade. Es bleibt dem Esser überlassen, wie viel er sich wann und wo gönnt. So bieten auch Nahrungsmittel größtmögliche Flexibilität, ganz dem Zeitgeist entsprechend.

Es bereitet Vergnügen, aus einem Produkt mehrere zu fabrizieren und diese entweder klammheimlich zu verspeisen oder großzügig zu verteilen. Der Prozess, Lebensmittel zu vermehren, indem ein großes Ganzes in eine Vielzahl von kleinen Stücken gebrochen wird, lässt den Konsumenten überdies im Glauben, mehr gekauft zu haben. Produktentwickler spielen mit diesem psychologischen Effekt und erheben die Teilbarkeit zum wesentlichen Bestandteil ihres Marketingkonzeptes. Eines der diesbezüglich erfolgreichsten Produkte ist das 1968 eingeführte Twinni, ein Eislutscher auf zwei Stielen. Der Trick des Kassenschlagers liegt in der

1 Gleiches Gewicht, anderes Design: So sähe die Toblerone ohne die charakteristischen Sollbruchstellen aus.

2 Das Twinni, ein Eislutscher auf zwei Stielen aus Orangen- und Birneneis, kam in Deutschland 1966, in Österreich 1968 auf den Markt.

2

wundersamen Vermehrung von einer in zwei Köstlichkeiten. Twinni kann man also nicht bloß konsumieren, man kann es auch zerteilen, für Kinder ein stets ebenso aufregendes wie schwieriges Unterfangen. Twinni schlecken bedeutet mehr, als bloß Eis essen, Twinni offeriert ein „Zusatzfeature" und wird damit zu einem Spielzeug.

Die Sollbruchstelle als Designfaktor

Ähnlich wie Perforierungen bei Briefmarken oder Küchenrollen* helfen Sollbruchstellen auch bei Nahrungsmitteln, eine große Einheit in einzelne Stücke zu zerteilen. Vordefinierte Bruchstellen verringern die Anzahl der Krümel und garantieren eine optimale Stückgröße. Unzählige Brotsorten weisen ebenso wie Schokoladetafeln, Traubenzucker oder Cracker Sollbruchstellen auf. So bricht der Berliner seine Schrippe genauso entlang einer vorgegebenen Einkerbung wie die Alpenbewohner ihre Brotzeile und die Türken ein achtteiliges Gebäckstück namens Blume. Eine in der Mitte verlaufende Kerbe unterstützt auch die christliche Liturgie, indem sie eine formschöne Halbierung der Hostie gewährleistet.

Rätsel gibt in diesem Zusammenhang die österreichische Kaisersemmel auf, deren Geschichte bis nach Pompeji zurückgeht *(lat: simila = feinstes Weizenmehl)*. Das sternförmige Aussehen verdankt sie vermutlich einem Blüten- oder Sonnensymbol, dennoch erscheint die Teilbarkeit als zentraler gestalterischer Faktor fragwürdig. Warum das kleine Weißgebäck ausgerechnet aus fünf Segmenten besteht und sich damit nicht in zwei gleiche Teile brechen lässt wie die steirische Langsemmel, ist aus heutiger Sicht nicht zu erklären. Überdies benötigt jeder, der sein Brötchen mit Wurst oder sonstigen Köstlichkeiten füllen möchte, ein Messer. Eine horizontale Rille, um zwei belegbare Hälften ohne Werkzeug herstellen zu können, schiene vor allem im Zeitalter des Sandwichs zielführender.

* Küchenkrepp

1 Die fünf Einkerbungen der Semmel erleichtern das Auseinanderbrechen, verhindern aber das Zerteilen in zwei gleich große Stücke.

2 Ähnlich wie bei Briefmarken erleichtern Perforierungen auch bei Lebensmitteln das einfache und saubere Zerteilen.

Knusprig oder streichfähig

Oberflächen und Konsistenzen

1

Der Weiche- oder Härtegrad einer Speise verspricht ein kulinarisches Erlebnis der besonderen Art. Egal, ob wir genussvoll zubeißen, sinnlich ausschlürfen oder verträumt abschlecken, viele Gerichte betören uns aufgrund ihrer Konsistenz. Sei es die sämige Beschaffenheit eines Puddings oder das Krachen eines knusprig frischen Butterkeks, außergewöhnliche Stofflichkeit übt einen besonderen Reiz aus. Natürlich dominieren Aussehen und Geschmack bei der Entscheidung für oder gegen den Verzehr eines Nahrungsmittels, doch trägt auch das haptische Gefühl an Gaumen und Zunge nicht unwesentlich zum kulinarischen Gesamterlebnis bei.

Dabei können die Meinungen über die optimale Festigkeit eines Gerichts je nach Region durchaus variieren. Man denke nur an das berühmt-berüchtigte englische Gemüse oder an den Stolz der Italiener auf ihre bissfest gekochten Teigwaren. Die mediterrane Zubereitungsart erobert mittlerweile die globale Küche, daher unterrichten unzählige Kochratgeber ihre gelehrigen Leser in der Kunst, Nudeln und anderes Gargut „al dente" zuzubereiten. Der französische Stardesigner Philippe Starck folgte diesem Trend, als er 1987 eine röhrenförmige Nudel entwarf, die durch ihre unterschiedlichen Querschnittsstärken selbst ungeübten Pastaköchen das Vergnügen einer zumindest stellenweise perfekt gegarten Nudel bereitet. In ähnlicher Weise nützt auch der italienische Nudelfabrikant Barilla den Zusammenhang von Oberfläche und Garverhalten. Die Turbospaghetti „Trifogli" weisen einen kleeblattförmigen Querschnitt auf und sind daher nach nur 3 Minuten Kochzeit „al dente".

Cremig und knackig

Ob Speisen bissfest oder weich sein sollen, entscheiden jeweils Geschmack und kulturelles Verständnis. Dabei kann eine ausgesprochen weiche oder zart schmelzende Konsistenz ebenso faszinieren wie eine knackige, spröde Zusammensetzung. Als besonders verführerisch gelten jene Esswaren, die während des Verzehrs ihren Aggregatzustand verändern. Eis zum Beispiel wird als fester Stoff zum Mund geführt und als Flüssigkeit hinuntergeschluckt. Auch Schokolade verschafft uns einen kulinarisch-sinnlichen Moment der Sonderklasse, wenn sie langsam auf der Zunge zergeht. Verantwortlich dafür ist ihr Schmelzpunkt, der unserer Körpertemperatur entspricht.

Eine besondere Leichtigkeit gilt als Konsistenzideal. So verdanken die „Salzburger Nockerln", eine süße, im Ofen überbackene Creme aus Eischnee, ihren Erfolg einer überaus luftigen Beschaffenheit. Kleine Fruchtstückchen scheinen in dem leichten Schaum geradewegs zu schweben und beinahe von der Gabel zu fließen. Das berühmte Dessert aus der Mozartstadt zeigt exemplarisch, dass nicht unbedingt der Geschmack den Ausschlag für einen kulinarischen Erfolg geben muss.

Symbiose von hart und weich

Bereits 1922 forderte der französische Küchenchef J. Maincave ausdrücklich „die Verbindung von Weichem und Knusprigem" und trug damit dem menschlichen Verlangen nach Abwechslung Rechnung Kontraste innerhalb derselben Speise begeistern Menschen in allen Kulturkreisen. Europäische Spitzenköche arbeiten ebenso damit wie chinesische Garküchen am Straßenrand oder japanische Meister des Kai Seki. Zu einer weichen Zutat gesellt sich gern eine knusprige, in den Gugelhupf kommen Rosinen, ins Vanilleeis Schokosplitter. Das Curry wird mit Mandeln verfeinert, das Joghurt mit bunt dragierten Smarties aufgepeppt. Die kleinen, knackigen Stückchen dienen kaum als Geschmacksverstärker im ohnehin aromatisierten Joghurt, sondern als willkommene Abwechslung im Mund des Essers. Auch Frühlingsrollen, gefülltes indisches Fladenbrot oder Nachos mit einer sämigen Guacamole beeindrucken durch die Kombination harter und weicher Elemente. Unzählige Desserts gründen ihren internationalen Erfolg auf das Zusammenspiel verschiedener Konsistenzen, sei es in Form von Schichten, Füllungen oder als Rouladen. Einen der extremsten Kontraste bietet dabei die berühmte Crème Brûlée: Ein beinahe glasharter Karamellfilm bedeckt die flaumig weiche Mousse aus Ei und Zucker.

Das Erlebnis unterschiedlicher Schichten, das sinnliche Durchtauchen von geschmacklichen Stimmungen, versprüht einen Hauch von Erotik. Wer kann schon jenen Moment in Worte fassen, in dem die Zunge zum ersten Mal die Schokoladehaut einer Praline durchdringt und im Inneren auf einen völlig unerwarteten Geschmack stößt? Harte Schokolade umhüllt weiche Cremen und knackige Nüsse, alkoholische Flüssigkeiten und süße Früchte. Die zartschmelzende Hülle setzt dabei knackige Akzente gegenüber der flaumigen Fülle. Gerade der Konsistenzunterschied zwi-

1 Das Zusammenspiel unterschiedlicher Konsistenzen macht einen Gutteil des Erfolges vieler Süßspeisen aus: Baumkuchen, Fondant, Honig- und Sesamhippen, Sachertorte, Schaumrolle, Schokolade-Vanille-Schnitten

schen Innen und Außen verspricht den Erfolg vieler Süßigkeiten. Manche Pralinen erfreuen den lustvollen Genießer mit insgesamt fünf Schichten unterschiedlicher Bissfestigkeiten. Man muss Kokosraspeln, Schokoglasur, Waffelhülle und flaumige Creme durchbeißen, bevor man zum knackigen Kern in Form einer ganzen Mandel oder Haselnuss vorstößt. Die Art des Verzehrs solcher mehrschichtiger Süßigkeiten verrät außerdem so mancherlei über den Charakter der Esser. Während die einen herzhaft zubeißen, um sogleich in den Genuss der Fülle zu geraten, lösen die anderen erst vorsichtig die dünne Schokohülle ab, um so die Vorfreude auf den süßen Kern ins nahezu Unendliche auszudehnen.

Bröselig und haltbar

Auch das Brot funktioniert nach dem Prinzip „knackige Hülle, weicher Kern". Die Brotrinde hält nicht nur seit Jahrtausenden den weichen Teig im Inneren der Backware frisch, sondern sorgt auch für einen Bisswiderstand. Viele Brotesser begeistert gerade die knusprige Rinde, wobei die Bäcker diesen Effekt noch zu steigern wissen. Die vergleichsweise große Oberfläche strukturierter Gebäcksstücke wie der Semmel verwandeln das einfache Grundnahrungsmittel in einen knackigen Leckerbissen.

Auch Backwaren wie Kekse und Knabbereien, ursprünglich wegen ihrer Haltbarkeit geschätzt, verdanken ihre heutige Beliebtheit einer soliden Konsistenz. Bereits im 3. Jahrhundert v. Chr. erzeugten die Römer knusprige Teigwaren, die nach dem Herstellungsverfahren „bis coctus", zweimal gebacken, genannt wurden. Bezeichnungen wie Zwieback oder Biscuit erinnern bis heute an dieses spezielle Produktionsverfahren, das den ursprünglich ungesüßten Teigwaren ein besonders langes Leben bescherte. Kekse und ähnliche Backwaren entwickelten sich auf Grund ihrer Haltbarkeit in weiterer Folge zu einer typischen Seemannsnahrung. Ende des 19. Jahrhunderts importierte Hermann Bahlsen dann die Tradition der Teekuchen und -backwaren von den Britischen Inseln nach Deutschland. Aus der Not wurde eine Tugend, die bröselige Konsistenz zum geschätzten Markenzeichen der Plätzchen.

In Großbritannien erforschen Wissenschaftler die speziellen Kräfte, die in Keksen wirken und die Ware zum Leidwesen der Produzenten oftmals frühzeitig in der

Packung zerbröseln lassen. Die Schuld daran trägt laut Ricky Wildman von der Loughborough – Universität in Leicestershire nicht etwa eine zu grobe Behandlung während des Transportes, sondern die Luftfeuchtigkeit. Diese führe zu unterschiedlichen Ausdehnungen innerhalb der kleinen Backwaren, so dass sich diese bei größeren Schwankungen quasi von selbst zerstören.

So wie Kekse und andere Knabbereien haben auch die heute überaus populären Kartoffelchips bereits eine rund 150-jährige Erfolgsgeschichte hinter sich. Der Legende nach wurden sie 1853 erstmals im Bundesstaat New York als „Saratoga Chips" serviert. George Crum, der Koch des „Moon's Lake House", schnitt Kartoffelscheiben nach der Beschwerde eines Gastes so dünn, dass sie sich nach dem Braten mit der Gabel nicht mehr aufspießen ließen. Die Besucher des Etablissements in Saratoga zeigten sich begeistert und – der Kartoffelchip war damit erfunden.

Obwohl der Eigengeschmack der Kartoffel zugunsten von Fett und Salz beinahe verschwindet, wird der weltweit erfolgreiche Partysnack hauptsächlich aufgrund seiner knusprigen Beschaffenheit geliebt. Seine Herstellung erfordert einiges an Geschick, muss doch eine matschige, rohe Kartoffel in hauchzarte, knusprige Scheiben geschnitten werden. Eine entscheidende Rolle spielt dabei die jeweilige Kartoffellieferung. Je nach Stärkegehalt wird die optimale Schnittstärke gewählt, damit die Chips nach dem Frittieren möglichst knusprig sind, aber dennoch nicht zu leicht zerbröseln. Deswegen sind nicht alle Kartoffelchips automatisch gleich dick bzw. dünn, auch wenn sie aus der gleichen Fabrik stammen.

Sind Knusprigkeit und Stabilität gleichermaßen gefragt, bietet die klassische Form der Waffel eine überzeugend einfache und ebenso wirksame Lösung. Stege im Quadratraster stabilisieren eine hauchdünne und daher sehr knusprige Teighaut. Bereits vor fünfhundert Jahren sorgten gerillte Waffeleisen für ein dünnes, krosses und dennoch

1 Neben Form, Farbe und Geschmack spielt auch die Konsistenz eine wichtige Rolle bei der Entscheidung für oder gegen den Verzehr eines Lebensmittels.

Die knusprige Konsistenz von Kartoffelchip und Fischstäbchen fasziniert ebenso, wie die Weichheit von Streichkäse oder Marshmallow.

1

formstabiles Backwerk. Das 1559 entstandene Gemälde „Kampf zwischen Fasching und Fasten" von Pieter Bruegel dem Älteren bezeugt, dass Waffeln schon damals mit der typischen, quadratisch strukturierten Oberfläche gebacken wurden.

Oberflächlicher Erfolg

Eine besondere Faszination üben jene Produkte aus, die ohne stabilisierende Längs- und Querrippen auskommen und praktisch nur noch aus Oberfläche bestehen. Hauchdünne Gerichte bieten die größte Angriffsfläche, um die Geschmacksstoffe ohne Kauen bestmöglich aufzunehmen. Feinst geschnittener Rohschinken, gehobelte Käsespäne oder das berühmte Carpaccio zerschmelzen geradezu im Mund. In „Harry's Bar", Venedigs erster kulinarischer Adresse, wurden die rohen, aufgeschnittenen Rinderfiletblätter in den fünfziger Jahren erstmals angeboten. Mittlerweile reicht das Carpaccio-Spektrum vom Wolfsbarsch über Pferdefleisch bis zu diversen Gemüsesorten. Gemeinsam ist allen Variationen der höchste Anspruch an die Qualität des Ausgangsprodukts und perfektes handwerkliches Können. Auch Lebensmittelkonzerne nützen den Imagevorteil hauchzarter Delikatessen und offerieren möglichst dünne Schokoladeblättchen oder lediglich Makromillimeter „dicke" „Eclipse"-Streifen, eine Mischung aus Kaubonbon und essbarem Papier.

Die Oberfläche vermittelt den ersten Eindruck einer Speise. Die Perfektion demonstriert das Können des Kochs bzw. die hohe Qualität des Produkts. Den Genuss steigern glatte, gleichmäßig gekrümmte Oberflächen wie jene des Dixi-Bonbons oder die konkaven Löcher im Emmentaler, die die Zunge zum sanften Darüberstreichen animieren. Hersteller verstärken den haptischen Effekt, indem sie die makellose Oberfläche auch optisch ins rechte Licht rücken und ihre Produkte nachträglich glänzen. Gummibären erhalten zum Beispiel eine feine Schicht aus Bienenwachs, Schokolade-Dragees werden mit Gummiarabikum, Smarties mit Baumharz aufpoliert.

1

Aufregende Struktur

Andere Esswaren wiederum setzten bewusst auf eine strukturierte Oberfläche. Das sanfte Kratzen der Panier gehört zum Genuss des Wiener Schnitzels dazu. Die Oberflächen vieler Schokoriegel sind leicht geriffelt und erzeugen ebenso wie Cornflakes oder saure Drops aufgrund ihrer rauen Beschaffenheit ein angenehmes Kribbeln auf der Zunge. Raue, pelzige oder gerillte Strukturen versprechen ein abwechslungsreiches kulinarisches Vergnügen. Deshalb landen fruchtige Colafläschchen mit süß-saurer Panier im Verkaufsregal; für Spezialeffekte sorgt ein Zuckergranulat, das im Mund förmlich explodiert.

Raffinierte Oberflächen erfüllen aber nicht nur geschmackliche oder optische Aufgaben. So frieren beispielsweise stark strukturierte Materialien nicht so leicht aneinander fest wie glatte. Panierte Fertigprodukte, vom Backfisch bis zu Hühnernuggets, fallen trotz tiefer Temperaturen einzeln aus der Packung, da die extreme Körnung der Panade die einzelnen Quader auf Distanz zueinander hält. Fernab dieser technischen Eigenschaften bedingen raue Oberflächen auch ein besseres Fassungsvermögen für zusätzliche Komponenten der Mahlzeit. Vor allem Speisen, zu denen Saucen gereicht werden, verlangen nach guter Haftung. Für Autofahrer sei auf Winterreifen verwiesen, deren Profil möglichst gute Haftung im weichen Schnee garantieren soll. Man bezeichnet das als Grip. Gerichte mit Sauce benötigen ebenfalls einen besonders guten Grip, um diese möglichst gut mit der Speise zu verbinden.

Haftung und Reibung

Bei der italienischen Pasta steht die Frage nach dem optimalen Saucenverhalten im Zentrum vieler Diskussionen. So eignen sich geriffelte, unter dem Schlagwort „rigato" bekannte Oberflächen besonders gut, um große Mengen an Sugo aufzunehmen. Die Art und Weise, wie sich die geformten Teigstücke mit der Sauce vermischen, ob sie eine

1 Glatte, gleichmäßig gekrümmte Oberflächen üben einen besonderen Reiz aus. Das konvexe Dixi animiert die Zunge ebenso zum sanften Darüberstreichen wie das konkave Fizzers.

2 Eine matschige, rohe Kartoffelscheibe durchläuft gewaltige Veränderungen hinsichtlich ihrer Konsistenz, ehe ein knuspriger Kartoffelchip entsteht. Je nach Stärkegehalt der verwendeten Kartoffel wird bei der Produktion die optimale Schnittstärke gewählt, damit das Chip nach dem Frittieren möglichst knusprig ist, aber dennoch nicht zu leicht zerbröselt.

2

1

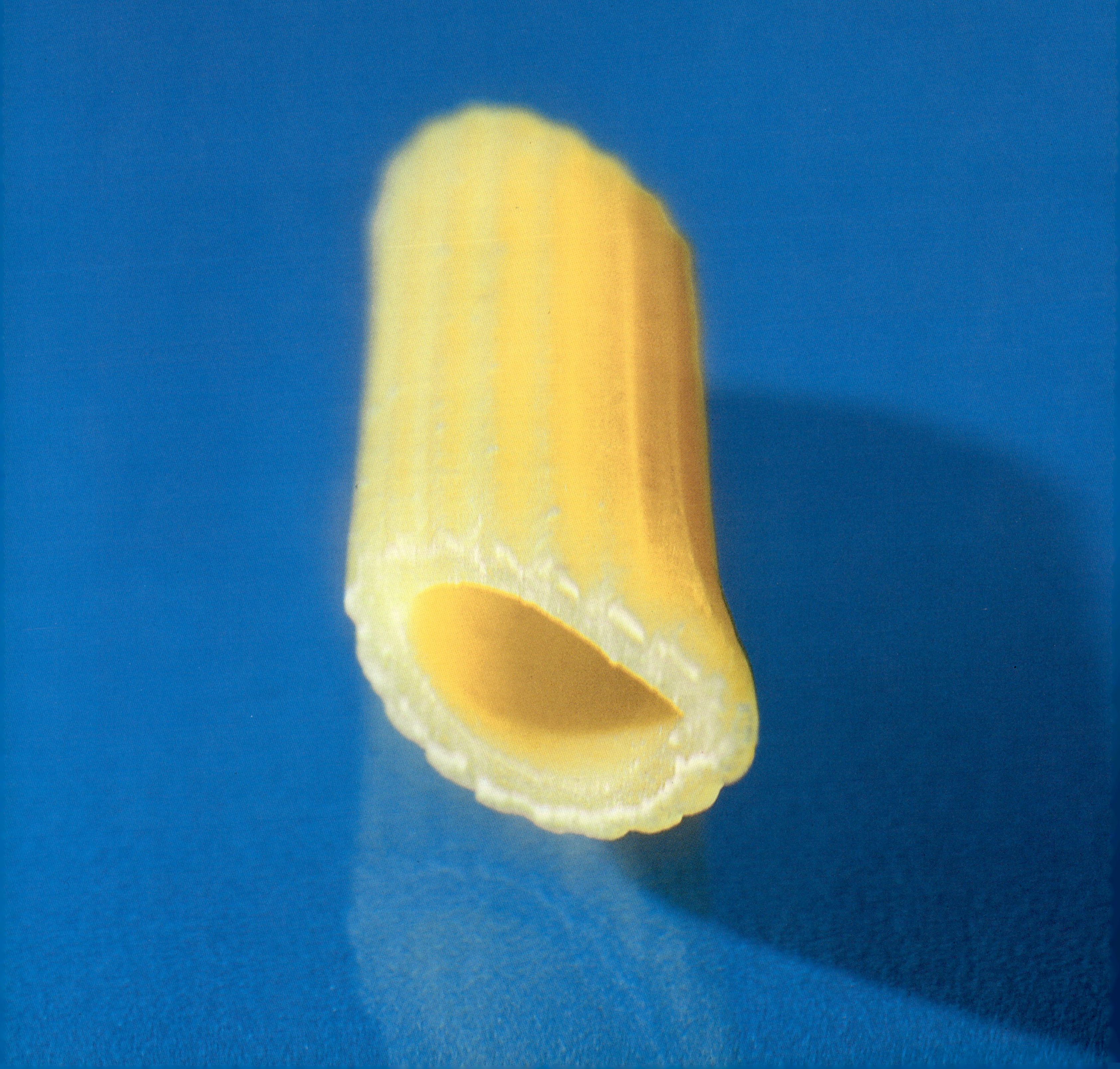

gerippte Oberfläche haben oder eine glatte, an der intensive Saucen wie zum Beispiel die Pepporoncini/Knoblauch – Variante abrinnen, haben eine spürbare Auswirkung auf das Essvergnügen. Manche Pastahersteller steigern den Effekt noch, indem sie Penne anbieten, die sowohl an der Innen- als auch an der Außenseite eine gerillte Oberfläche aufweisen. Während in unseren Breiten die schwammige Konsistenz des Brotes zur Aufnahme von Bratensaft oder dickflüssigen Suppen dient, muss in Italien die Oberfläche der Pasta diese Aufgabe leisten.

Nudelfabrikanten entwickeln auch spezielle Technologien, um das Klebeverhalten ihrer Pasta zu optimieren. Je rauer und klebriger die Oberfläche, desto besser verbindet sie sich mit dem Sugo. Aus diesem Grund setzt die italienische Firma Voiello bei der Erzeugung ihrer Teigwaren spezielle Pressprofile aus Bronze ein. Im Gegensatz zu den herkömmlichen Teflonprofilen raut die Bronze den Teig in jener Weise auf, damit die Pasta am Teller eine besondere Griffigkeit aufweist.

Vergleichsweise schwierig gestaltet sich die Optimierung natürlicher Lebensmittel. So fällt die Veränderung der Oberfläche eines Steaks, um als „saucenfreundlich" gelten zu können, naturgemäß schwer. Zwar greifen Köche tief in die Trickkiste, um saugfähige Hüllen aus Teig und anderen Zutaten zu kreieren, doch die Schnittfläche, die erst der Gast generiert, können sie beim besten Willen nicht manipulieren. Möglicherweise bedeutet dies aber eine kulinarische Chance für die – unter Gourmets geächtete – Gentechnologie. Vielleicht basteln Biologen zukünftig ja das optimale Rind, dessen Fleischoberfläche den perfekten Saucengrip aufweist. „Filet Michelin" wäre dafür ein passender Name …

1 Die feinen Rillen der Penne rigate sollen den Kontakt zwischen Nudel und Sauce verstärken.

Stapelbare Fische

Herstellung und Transport

1

Bandsägen zerteilen gefüllte Waffeln in mundgerechte Stücke, Rundgefrierer gießen Eislutscher. Ungebackene Kekse kleben an Teflonwalzen, Gipsstempel drücken die Form von Cola-Fläschchen in Maisstärke, und Zentrifugen dragieren Millionen kleiner Schokolinsen mit bunten Überzügen. Entlang der Fertigungsstraßen regieren Verfahrenstechniker anstelle von Köchen und Konditoren. Sie optimieren Produktionsabläufe und entscheiden je nach dem gewünschten Endprodukt über Gieß- und Spritzverfahren, Schneidmaschinen und Trockenkammern, Extruder und Laugenbäder. Die Art der Erzeugung beeinflusst das spätere Aussehen einer Ware, das ist bei Nahrungsmitteln nicht anders als bei Autos oder Bücherregalen.

Schon seit Jahrtausenden experimentiert der Mensch mit unterschiedlichsten Techniken, um lebensnotwendige Güter herzustellen. Einfachste Werkzeuge aus Holz und Stein mutierten zu Mähdreschern, das Feuer zum Mikrowellenherd. Wir lernten zu schneiden, zu braten und zu kochen. Wir entwickelten Prozesse und Gerätschaften, um Speisen geschmacklich aufzuwerten, sie haltbar und transportfähig zu machen.

Der Zufall half nicht selten mit, neue Verfahren zu entdecken, so vermutlich auch im Fall des Sauerteigs, den man durchaus als ernährungsgeschichtlichen Meilenstein bezeichnen kann. Durch das Aufgehen des Teiges verdoppelte sich die Ausgangsmasse aus Mehl und Wasser und erhöhte somit die Überlebenschancen der Menschen. Die neue Rezeptur beeinflusste aber auch die Form des Gebackenen. Nach den flachen Fladenbroten konnte nun eine Vielfalt von dreidimensionalen Motiven erzeugt werden. Welche geheimnisvollen Vorgänge das Volumen des Sauerteigs vergrößerten, blieb über Jahrhunderte hinweg jedoch unbekannt. Dem Brot wurden magische Kräfte zugeschrieben, Backöfen als Muttergottheit verehrt und Frauen bis in die jüngste Geschichte nach ihren Kuchen beurteilt. Die perfekt

2

aufgegangene Mehlspeise symbolisierte die Fruchtbarkeit der Köchin und war ihr Garant für eine Eheschließung.

Von Kuchen und Kapuzen

Die europaweit bekannte Form des Gugelhupfs ist ausschließlich das Ergebnis ihres Herstellungsverfahrens, also des Backvorgangs. Während sich die eher ungewöhnliche Bezeichnung von der Gugel, einer Kapuze mit langem Zipfel und Kragenstück, herleitet, dürfte die markante Form nur sekundär mit der Kopfbedeckung zusammenhängen, sondern eher praktischen Überlegungen folgen. In Schüsseln gebackene Kuchen neigen nämlich dazu, in der Mitte noch roh und am Rand schon verbrannt zu sein. Die Form des Gugelhupfs spart jenen Teil, der am schlechtesten mit Hitze versorgt ist, einfach aus. Die heiße Luft streicht so auch durch das Loch in der Mitte des Kuchens und erreicht alle Stellen des Teiges relativ gleichmäßig. Rätselhaft bleibt hingegen die Funktion der schrägen Einkerbungen, die die Oberfläche des Gugelhupfs zieren und in ähnlicher Form bereits im alten Rom gebräuchlich waren. Abgesehen vom optischen Effekt, könnten sie eventuell den kontinuierlichen Eintritt der Backofenhitze unterstützen sowie mithelfen, den fertigen Kuchen aus der Form zu stürzen.

1 Im so genannten Rundgefrierer werden Twinni-Eislutscher hergestellt.

2 Das charakteristische Loch in der Mitte des Gugelhupfs begünstigt das gleichmäßige Durchbacken der Teigmasse, da jener Bereich, der am schlechtesten mit Hitze versorgt wäre, einfach ausgespart ist.

1

Der Fall aus der Form

Wie das Beispiel des Gugelhupfs zeigt, veranlassen Produktionsprozesse die Entwicklung geeigneter Formen und Rezepturen. Eine Vielzahl von gegossenen und gebackenen Nahrungsmitteln gibt nur bei genauem Hinsehen Aufschluss über ihre Herstellung. Sie erscheinen allesamt konisch im Verkaufsregal oder in der Kuchenvitrine. Die schrägen Seitenflächen garantieren den schnellen und restlosen Fall aus der Form, sollen doch Terrinen, Pasteten und Kuchen flott und unbeschadet aus ihren Back- oder Kühlformen gleiten. Selbst die weltberühmte Sachertorte könnte mit senkrechten Seitenflächen gar nicht produziert werden. Konditoren im Wiener Traditionsbetrieb kaschieren diesen Schönheitsfehler nachträglich mit Hilfe der Glasur. Im Falle von industriell erzeugten Pralinen und Schokoladetafeln bleiben die schrägen Flächen jedoch für den Konsumenten sichtbar.

Konische Seitenwände von Milka & Co erinnern an den perfekten Rutsch aus der Gussform. Einkerbungen am Rand von Keksen erfüllen dieselbe Aufgabe. So helfen die berühmten 52 Zähne des Leibniz Butterkeks, die Teigstücke unbeschadet aus der Form zu lösen. Die vielbeworbenen Zähne der Bahlsen-Kekse erfüllen noch eine weitere, herstellungstechnische Funktion: Gemeinsam mit den charakteristischen kleinen Löchern an der Oberfläche erleichtern die strukturierten Ränder den Austritt heißer Luft, die bei allfälligem Verbleib im Inneren des Teiges unansehnliche Wölbungen hervorrufen würde. Hobbyköche agieren ähnlich, wenn sie mit einer Gabel den Mürbteig anstechen, ehe dieser in den Ofen geschoben wird.

Konditoren und Bäcker arbeiten mit einer Reihe von handwerklichen Tricks, um ihre Erzeugnisse optimal der Hitze auszusetzen. So werden zum Beispiel Croissants und Salzstangerln aus dünnen Teigstücken gerollt und bleiben

2

innen mehr oder weniger hohl. Diese Methode verhindert schlecht durchgebackene Klumpen in der Mitte und sorgt außerdem für die knusprigen Querrillen. Ähnlich funktioniert die Semmel, die traditionellerweise „geschlagen" wird. Der Bäcker faltet dabei ein flaches, rundes Teigstück von fünfzig Gramm viermal über seinen Daumen zur Mitte hin ein, bevor er den letzten Zipfel in den Hohlraum des ersten steckt und die Semmel somit schließt. Das Zentrum bleibt hohl, so dass der Teig stets knusprig und gut gebacken aus dem Ofen kommt. Bei der maschinellen Erzeugung hingegen wird der charakteristische fünfteilige Stern in einen kompakten Teigklumpen gedrückt. Das Innenleben von Maschinensemmeln schmeckt daher oft lasch und teigig. Die ursprüngliche Idee, ein möglichst knuspriges Gebäck zu erschaffen, wich der Industrialisierung, seine optische Auswirkung, der berühmte Stern, ist jedoch geblieben.

Spätes Dogma

Wir bezeichnen dieses Phänomen als „spätes Dogma". Formen, die aufgrund oder infolge einer bestimmten Fertigungstechnik entstehen, entwickeln sich zu einem derart bestimmenden Identitätsmerkmal, dass sie, auch wenn die Herstellung etwa durch Automatisierung verändert wird, beibehalten werden. In diese Kategorie fällt auch der Zuckerhut. Im sechsten Jahrhundert nach Christus entwickelte das persische Geschlecht der Sassaniden ein Verfahren, Zucker zu raffinieren, das über 1200 Jahre zur Herstellung von weißem Zucker verwendet wurde. Bei der so genannten Hutreinigungsmethode wird der Sirup in umgedrehte, kegelförmige Model gefüllt, wobei das

1 Die Art der Erzeugung beeinflusst das spätere Aussehen von Waren. Die Seitenflächen von Pralinen und Schokoladetafeln, die in einteiligen Formen gegossen werden, müssen nach oben hin schräg zusammenlaufen, damit sie anschließend wieder aus der Form fallen.

2 Die charakteristischen fünf Segmente einer Handsemmel sind das formale Ergebnis des Herstellungsverfahrens, bei dem der Bäcker ein flaches Teigstück mehrmals zur Mitte hin einschlägt. In die Maschinensemmel wird aus nostalgischen Gründen dasselbe Muster in einen kompakten Teigklumpen gedrückt.

1

2

Restwasser durch eine Öffnung in der Spitze abrinnt. Das Ergebnis, der typische Zuckerkegel, wird anschließend aus der Form gehoben, mit Zangen in kleinere Brocken zerteilt und im Mörser zu Kristall- oder Staubzucker zermahlen. Bis in die Mitte des 19. Jahrhunderts war der Zuckerhut die einzige handelsübliche Form für das weiße Gold. Heutzutage stellt man Kristallzucker mit Hilfe von Zentrifugen direkt aus einer gesättigten Zuckerlösung her und presst diesen anschließend aus rein nostalgischen Gründen in die Form von Zuckerhüten.

Die Assoziation mit einem traditionellen Herstellungsprozess nutzen auch die Pringles, ein rundes Knabbergebäck, dessen Form an Kartoffelchips erinnert. Dünn geschnittene Kartoffelscheiben verformen sich im heißen Frittieröl, wodurch die typische Wölbung entsteht. Pringles, die in Wahrheit aus Teig bestehen, ahmen das gekrümmte Erscheinungsbild nach, fallen jedoch alle gleich groß und perfekt geformt aus der Packung.

Herstellungsbedingte Markenzeichen

Der Produktionsprozess hinterlässt seine Spuren, die fortan als Charakteristikum einer Speise fungieren. Wie die gerollte Form das unverkennbare Merkmal von Rouladen ist, so sind es die weißen und roten Schichten der Lasagne. Kaum eine Speise besitzt allerdings ein derart unverwechselbares, herstellungsbedingtes Markenzeichen wie der Krapfen, auch Berliner oder Beignet genannt. Zwei goldbraune Rundungen werden von einem waagrecht verlaufenden, hellen Streifen getrennt. Die signifikante Zeichnung der kleinen Kalorienbomben entsteht dabei nicht zuletzt aufgrund des Rums, der im Teig auf keinen Fall fehlen sollte. Beim Backen verdampft der Alkohol und verhilft der Faschingsnascherei zu ihrer flaumig lockeren Konsistenz und zu mehr Auftrieb. Im Schmalz schwimmend, erreicht der mittlere Abschnitt auf diese Weise niemals das heiße Fett und bleibt daher weiß. Seit wann Alkohol das Aroma der Festtagsspezialität verfeinert und somit der kesse Rumpfstreifen den Krapfen ziert, ist nicht geklärt. Überliefert ist hingegen, dass schon Kaiser Karl der Große ein Schmalzgebäck namens „Crapho" verspeiste.

1 Theoretisch könnte jede beliebige Form in den ungebackenen Teigklumpen einer Semmel eingestanzt werden. Konsumenten sind jedoch an den fünfteiligen Stern der Handsemmel derart gewöhnt, dass er auch bei der Maschinensemmel zum Einsatz kommt.

2 Die spezifische Art der Herstellung versursacht auch den weiße Rumpfstreifen des Krapfens. Während des Backens verdampft der Rum im Inneren des Teiges und lässt den Krapfen schwimmen. Somit erreicht der mittlere Abschnitt das heiße Fett nicht und bleibt daher weiß.

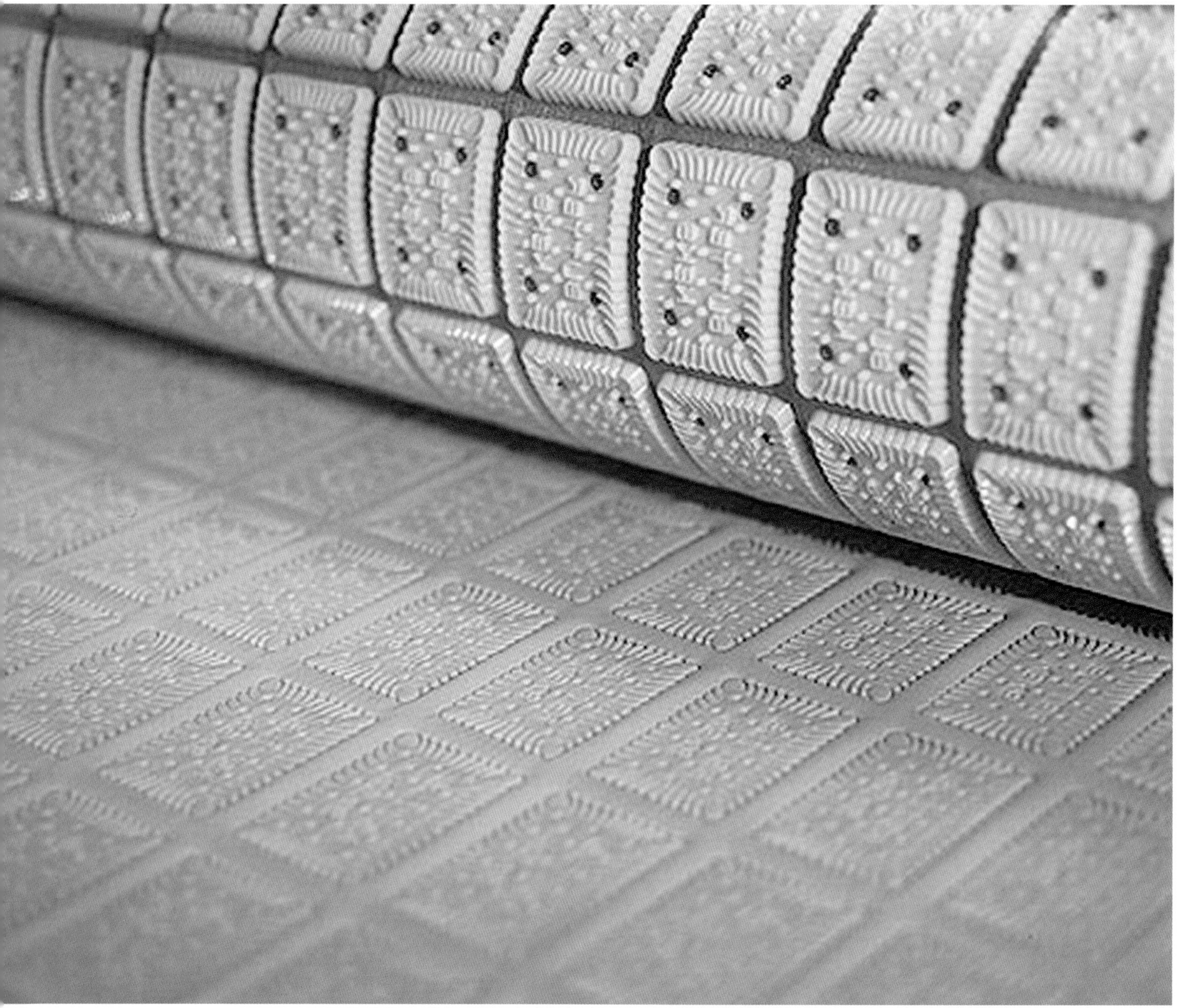

1

2

3

Wesentlich klarer stellt sich die Geschichte einer anderen runden Nascherei dar: der Mozartkugel. Der Salzburger Konditormeister Paul Fürst hob sie 1890 aus der Taufe und schuf damit jenes weltberühmte Konfekt, das verschiedene Hersteller heute auf jeweils andere Art und Weise produzieren. So erreicht das kugelige Souvenir aus Österreich in insgesamt drei Versionen die Süßwarentheke. Das handgefertigte Original der Konditorei Fürst erkennt man an einem feinen Tupfen Bitterschokolade, das die perfekte Rundung unterbricht. In der Salzburger Pralinen-Werkstätte wird der Marzipankern nämlich auf einen kleinen Stab gespießt, dann mit Nougat umhüllt und schließlich in Schokolade getunkt. Nach Abziehen des Holzstücks wird das Loch verschlossen, und das Konfekt mit dem kleinen Makel als Markenzeichen ist vollendet. Unter den industriell gefertigten Mozartpralinen konkurrieren zwei Fertigungstechniken, die ebenfalls ihre Spuren hinterlassen. In zwei Hälften gegossen und dann zusammengefügt, ziert eine feine Naht das ansonst makellos runde Endprodukt der Firma Mirabell. Wird der Marzipankern jedoch mit Schokolade getunkt, entsteht ein gupfartiges Objekt mit Sockel, in dessen Unterseite das Abtropfgitter seine Struktur prägt. So geben optische Merkmale Aufschluss über den Hergang der Produktion, über Handarbeit oder Fertigungsstraße.

Essen am laufenden Band

Die Industrielle Revolution legte Mitte des 19. Jahrhunderts den Grundstein für viele moderne Lebensmittel. Die Entwicklungen von Suppen- und Zuckerwürfel, Cornflakes, Kaugummi und Coca-Cola fallen in den Zeitraum zwischen 1840 und 1910. Halbfertig- und Fertigprodukte eroberten zusehends den Markt, wodurch sich auch Zubereitung und Kochzeiten nachhaltig veränderten. Wer hätte schon vor einhundert Jahren daran gedacht, dass Fisch in Quaderform einfach nur noch schnell in heißes Öl gelegt wird, um gemeinsam mit einem in Milch aufgelösten Instantpulver namens Kartoffelpüree eine vollständige Mahlzeit zu bilden?

Die Massenproduktion von Kalorien und deren zunehmende Automatisierung bedingte eine massive Veränderung der Nahrungsgewohnheiten. Im Zeitalter von Thomas Alva Edison und Henry Ford arbeiteten Wissenschaftler wie Justus von Liebig oder Julius Maggi fieberhaft an Methoden

1 Keksausstechen im großen Stil: Bei Bahlsen produzieren Walzen mit unzähligen Keksformen Butterkekse am laufenden Band.

2 Die makellos runde Mozartkugel von Mirabell wird aus zwei Teilen zusammengesetzt, wovon eine feine Naht zeugt.

3 Andere Mozartkugeln werden in Schokolade getunkt, eine abgeflachte Basis ist die Folge.

1

und Verfahren, um billige Kalorien für die breite Masse herzustellen. Die rasante Zunahme der städtischen Bevölkerung, die Abkehr von der Agrargesellschaft und enorme Armut erforderte billige Nahrung am laufenden Band. Daher erfüllten Fleischextrakte und Instantsuppen eine vornehmlich soziale Funktion.

Als Justus von Liebig 1847 den Rindsuppenextrakt erfand, war dieser so teuer, dass er zunächst nur als Arznei gegen Schwindsucht und andere Krankheiten in Apotheken angeboten wurde. Erst als Liebig entdeckte, dass Rindfleisch in Uruguay unvergleichlich billiger zu produzieren war, wurde der „Liebig's Extract of Meat" auch für die breite Masse erschwinglich und fand den Weg vom Krankenbett in den Kochtopf. Die neue, reichhaltige Verpflegung ernährte in Folge viele Arbeiterfamilien. Mit dem Ausspruch „Wer schneller arbeitet, muss auch schneller essen" begriff Julius Maggi den sozialen Zusammenhang als einer der Ersten.

Wie wirksam sich sozial schwache Schichten mit den neuartigen Speisen versorgen konnten, zeigt ein einfacher Preisvergleich: Um 1910 kostete ein Maggi-Rindsuppenwürfel fünf Heller, während man für ein Kilogramm Suppenfleisch eine Krone und fünfzig Heller ausgeben musste – also fast dreißig Mal so viel. Zu wirtschaftlichen Veränderungen gesellten sich auch gesellschaftliche, die den Erfolg von Fertigprodukten förderten. Da viele Frauen in den neuen Fabriken beschäftigt waren und die Zeit zum Kochen fehlte, stieg der Bedarf an nahrhaften Schnellgerichten rasant an. So verursachte die soziale Situation die Industrialisierung von Lebensmitteln und vice versa.

Soldatenrucksack und eiserne Reserve

Auch Seefahrt und Truppenverpflegung sorgten für neue Rezepturen und Techniken. Zu den ältesten Beispielen effizienter Truppenverpflegung zählt die Pasta. Heiße Küstenwinde inspirierten die arabischen Besatzer Siziliens im

2

1 Geburtsstunde von Gummibären und anderen Fruchtgummi-Sorten: Gipsstempel drücken die gewünschte Form in Maismehl, anschließend wird die erhitzte Gelatinemasse eingefüllt und etwa drei Tage getrocknet.

2 Unabhängig von der Form des Ausgangsproduktes erscheinen viele Lebensmittel eckig im Verkaufsregal und sind daher leicht stapel- und transportierbar.

PRIORITY
PRIORITAIRE
ÖSTERREICH
OPERN
Turandot
0,55
Österreich
Aiko Morise
9-6-17 Akasaka,
Minato-ku
107-0052
Japan

1

neunten oder zehnten Jahrhundert, Teigwaren aus Hartweizengrieß und Wasser in der Sonne zu trocknen. Damit kreierten sie eine haltbare Version der Nudel und das vermutlich erste Convenience-Produkt der Geschichte. Die Idee entsprang, wie könnte es anders sein, den Köpfen frühzeitlicher Militärstrategen. Die neue Speise konnte nämlich problemlos auf Kriegszügen mitgeführt werden, geringes Gewicht und schnelle Zubereitung erwiesen sich schon damals als zukunftsweisender Vorteil. Nach wie vor gilt die nahezu endlose Haltbarkeit der Pasta als Hauptfaktor ihres weltweiten Erfolgs. Heutzutage fehlt die kalorienspendende Notration in Form von Nudelpackung und Tomatendose in kaum einem Haushalt.

Von der Schokolade bis zum Instantkaffee verdanken viele haltbare Fertigprodukte ihre Erfindung der Suche nach kriegstauglichem Proviant. So führte 1794 eine entsprechend hohe Belohnung von Kaiser Napoleon zur Entwicklung der Konservendose. Die stabilen Blechzylinder erfüllen alle Anforderungen an transportable Nahrung. So mancher Stoß sowie Feuchtigkeit und Temperaturschwankungen prallten an der stählernen Hülle, die zu Recht den Begriff „eiserne Reserve" geprägt hat, einfach ab.

Bei Kriegshandlungen fern der Heimat konnte die Frage des Nachschubs über Sieg oder Niederlage entscheiden. Der französisch-deutsche Krieg von 1870 endete aufgrund einer bahnbrechenden Erfindung zugunsten der preußischen Truppen. Die Erbswurst, eine Fertigsuppe aus Erbsenmehl, Speck und Zwiebeln, passte in jeden Soldatenrucksack, war leicht zuzubereiten und nahrhaft. Die wurstförmig abgepackte Instantmahlzeit wurde in Folge zu einem nicht unwichtigen Bestandteil der modernen Kriegsführung, erlaubte das haltbare und einfach zu transportierende Fertiggericht doch eine flexiblere Truppenführung.

Der Container als Maß aller Dinge

Im zivilen Bereich ist gute Transportfähigkeit zwar keine Frage auf Leben oder Tod, sehr wohl aber eine der Wirtschaftlichkeit. Von der Fertigungshalle bis zum Teller passieren Esswaren mehrere Stationen, fahren mit Gabelstaplern, Lastkraftwagen, liegen in Einkaufstaschen und wollen platzsparend im Kühlschrank verstaut sein. Die Anforderungen an die Beweglichkeit von schmackhaften Kalorien sind enorm und gipfelten 1994 im ersten genmanipulierten Produkt am Lebensmittelmarkt. Wissenschaftler manipulierten die Erbmasse einer Tomate, um die Frucht zu festigen. Zu viele Tomaten landeten aufgrund von Quetschungen während des Transports und der Lagerung im Müll, die biologische Veränderung sollte Abhilfe schaffen.

Die Transportfähigkeit begründete auch den globalen Erfolg der Sachertorte. Franz Sacher kreierte 1832 am Hof des Fürsten Metternich eine Torte, die alle jene Attribute aufwies, die für transportable Nahrung nötig sind. Ihr Geheimnis liegt in der Glasur, die besonders widerstandsfähig ist und das weiche Innere vor Verformung und Austrocknung schützt. Während die meisten anderen Torten üppige Dekorationen tragen oder leicht verderbliche Zutaten wie Cremen beinhalten, verschwindet bei den 270 000 Sachertorten, die jährlich das gleichnamige Hotel in Wien verlassen, der Teig unter der schützenden Schokoladehaut. Die harte Hülle ermöglicht damit den schadlosen Transport der Fülle und garantiert, dass der Kuchen in Tokio, Los Angeles oder sonst wo auf der Welt unversehrt ankommt. Die Schokohaut ist somit für den weltweiten Bekanntheitsgrad der Wiener Mehlspeise hauptverantwortlich.

1 Die Sachertorte verdankt ihren internationalen Erfolg unter anderem ihrer extrem stabilen Schokoladeglasur. Diese schützt den Inhalt vor Austrocknung und Verformung und ermöglicht dadurch den unbeschadeten Transport um die ganze Welt.

1

Lebensmittel sicher und bequem von einem Ort zum nächsten zu bringen, beschäftigt die Menschheit in ähnlichem Ausmaß wie Zubereitung und Konservierung. Eine Möglichkeit, wie gutes Design Transport und Lagerung vereinfachen kann, zeigt der Bagel. Mit einer Schnur zusammengebunden oder auf Stöcken aufgefädelt, kann das ringförmige Brot gut aufbewahrt und bequem von A nach B gebracht werden. Das Loch in der Mitte dient als Transport- und Lagerhilfe, weswegen das löchrige Gebäck lange Zeit auf Schiffen eine gefragte Verpflegung war. Das Wort Bejgel leitet sich übrigens vom jüdischen Begriff für Steig-bügel ab, bedeutet aber auch gebogene Teigstange und lässt eine Verwandtschaft zum deutschen Beugel erkennen.

Transportable Quader

Zylindrische Dosen und rechteckige Packungen definieren heutzutage Aussehen und Größe vieler Waren. Die Proportionen des vier Gramm schweren Zuckerwürfels orientieren sich am Schlichtmuster in der Packung, das bei vorgegebenem Gewicht brauchbare Abmessungen ergeben muss. Die formale Vereinheitlichung der Verpackungswut macht auch vor natürlichen Produkten wie Obst und Gemüse nicht Halt. Die Ananas etwa muss enorme Veränderungen über sich ergehen lassen, um in eine Dose zu passen. Obwohl die Frucht keine zylindrische Form aufweist, lagern in der Blechkonserve exakt gleich große, kreisrunde Fruchtscheiben. In ähnlicher Weise träumen Hersteller vermutlich auch von eckige Bananen, Eiern oder Pfirsichen. Allerdings ginge mit solchen Manipulationen vielleicht auch die Mundgerechtigkeit mancher Nahrungsmittel verloren, oder könnten Sie sich vorstellen, ein rechteckiges Frankfurter* oder einen würfelförmigen Schokoriegel zu essen, nur weil diese besser in einen Lastwagen passen?

Dennoch pressen und schneiden Industriebetriebe ihre Produkte in transporttaugliche Formen. Ob Tiefkühlgemüse, Spinat oder Rotkraut, Schokoladetafeln oder Suppenwürfel, die Bewohner der Industrienationen kaufen eckige Nahrung in großen Mengen. Speziell im Falle panierter Fischfiletstücke überrascht die Tatsache, dass die Vorteile des Transports gegenüber den Verlusten bei der Herstellung überwiegen. Fische sind ja bekanntlich selten eckig, insofern ist das Herausschneiden der handlichen rechteckigen Blöcke nicht unbedingt Ressourcen schonend.

* Wiener Würstchen

1 Obwohl Fische bekanntlich nicht rechteckig sind, kommen Fischstäbchen als Quader auf den Tisch. Ein Grund für die strenge Geometrie liegt in der Stapel- und Transportierbarkeit.

Man ist, was man isst
Phänomene des Zeitgeists

Kann Essen eine Dekade definieren? Haben die unterschiedlichen Zubereitungsarten der Sechziger, Siebziger oder Achtziger ihre Zeit ebenso mitbestimmt, wie der Minirock oder die Rolling Stones? Die Erinnerung an den Speiseplan vergangener Jahrzehnte genügt, um diese Frage zu bejahen. Partytiger der Fünfzigerjahre tanzten vergnügt zur Musik von Bill Haley und stärkten sich dabei mit belegten Brötchen und Eiskaffee. Im darauf folgenden Jahrzehnt offerierte die Hausfrau französische Zwiebelsuppe und Nudelsalat, während ihre Gatten fachmännisch am Holzkohlengrill hantierten. Dazu servierten weltgewandte Gastgeber Erdbeerbowle, Whisky Sour und spielten die Hits der Beatles.

Zu den Songs von Abba verspeiste man noch Lachsersatz und Beef Tartar, gemeinsam mit Michael Jackson wurden dann der Shrimpscocktail und das Tiramisu groß. In den Siebzigern dominierte die Vorliebe für die französische Küche, mit dem Beginn der Achtziger hielten mediterrane Gerichte Einzug in die Küchen, und in den Neunzigern machte sich die Asienwelle verstärkt auf den Speiseplänen bemerkbar. Ebenso wie in anderen Lebensbereichen – Mode, Musik und Kunst – unterliegt auch die Nahrungsaufnahme dem Puls der Zeit. Wer würde heute noch Jägerschnitzel oder „Heiße Liebe" servieren, ohne dabei grenzenlos altmodisch zu erscheinen?

Am Puls der Zeit

Hausgemachte Pasta und Winzersekt sind das Mindeste, was sich Trendsetter nach dem Jahr 2000 gönnen müssen, um en vogue zu bleiben. Und solange Hollywood-Stars im japanischen Nobelrestaurant ihre Sushis verzehren, greift auch die Hautevolee mit großem Vergnügen nach den kleinen Reisbällchen. Noch in den Neunzigerjahren galt roher Fisch in unseren Breiten als giftig, heute schieben wir den japanischen Snack bedenkenlos zwischen die Lippen.

Die Auswahl am Teller gibt ebenso Aufschluss über gesellschaftlichen Status und Lebensphilosophie wie jene des Fahrzeugs oder des Urlaubsziels. Während der Normalsterbliche nahrungsmäßig kaum von der Masse abweicht, stoßen kulinarische Trendsetter ihre Zeitgenossen mit dem Verzehr bislang unbekannter Esswaren gerne vor den Kopf. Exotische Speisen lösen Befremden aus, dennoch treten einige Wagemütige gegen ihre Instinkte an, um das ver-

1

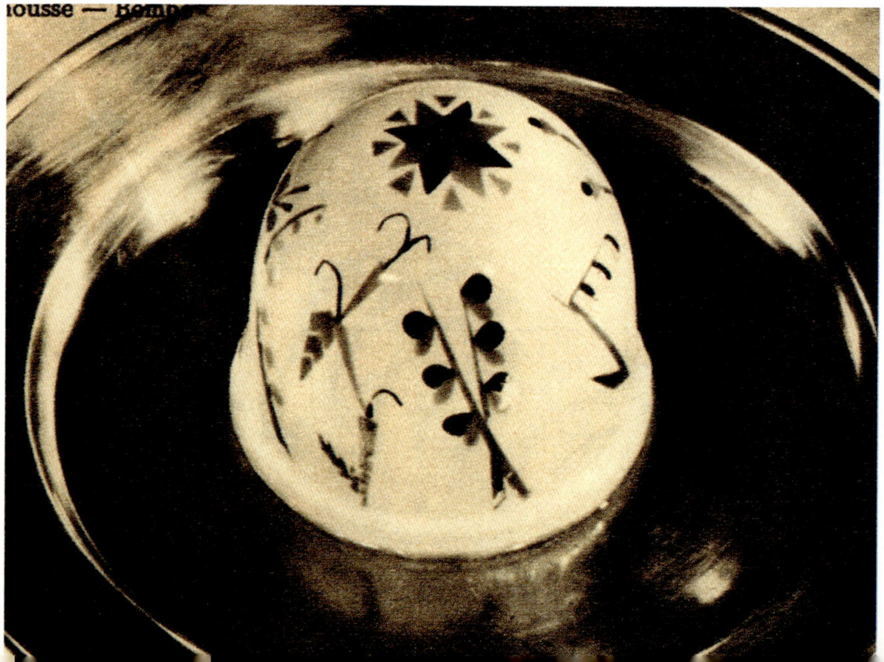

meintlich giftige, ekelhafte oder bittere Neue zum Erstaunen aller Anwesenden zu verspeisen. Wer heute seine Tischnachbarn verblüffen will, verzehrt Fisch nicht nur ungegart wie bei Sushi und Sashimi, sondern gleich lebend, wie es manche Japaner tun, weil die Meeresfrüchte dann am frischesten sind. Mit Spannung dürfen wir die Trends der Zukunft erwarten. Vielleicht stammen die nächsten Kultköche aus Marokko und servieren die Augen von Schafen. Auch Heuschrecken, Würmer oder Hunde versprechen noch einen gewissen exotischen Reiz.

Demonstration von Geld und Macht

Was aber macht ein Gericht zum Trend? Welche gesellschaftlichen Kräfte initiieren eine Modeströmung am Lebensmittelsektor und entscheiden darüber, ob ein Produkt zum Kassenschlager oder zum Ladenhüter wird? Trends sind Entwicklungstendenzen. Sie werden durch Produkte und Handlungen festgelegt, die Persönlichkeit und Lebensstil definieren. Was wir essen, signalisiert, wer wir sind. Oder anders gesagt: Durch die Auswahl der Speisen definieren wir unseren persönlichen Lebensstil und grenzen uns von anderen Gesellschaftsschichten ab.

Ursprung vieler kulinarischer Trends ist das Prinzip von Angebot und Nachfrage. Je schwerer ein Produkt zu haben ist, umso höher ist sein Preis und umso repräsentativer sein Verzehr. Schon der Sekretär des Ostgotenkönigs Theoderich konstatierte, dass die Macht eines Herrschers darin bestünde, Lebensmittel über weite Strecken hinweg zu transportieren. Vor 1500 Jahren demonstrierte Theoderich seine Allgewalt, indem er mitten im Winter nach frischen Erdbeeren verlangte und sie auch bekam. Im Mittelalter versprach der Konsum von indischem Pfeffer, zur Zeit der Renaissance jener von Zucker und Schokolade Exklusivität und gesellschaftliche Anerkennung. Öffentlich zur Schau gestellter, verschwenderischer Umgang mit diesen sündhaft teuren, exotischen Zutaten symbolisierte Reichtum und Macht. Der Wert von Pfeffer übertraf zeitweise sogar jenen von Gold, umso ungenierter verzehrten jene, die es sich leisten konnten, die kleinen schwarzen Körner gleich löffelweise.

1 Gänselebermousse-Bombe, Restaurant zum schwarzen Kameel/ Wien, um 1930

2 Linsen-Ziegenkäse-Galantine mit Frühlingszwiebeln und Schnittlauchdressing, Lufthansa First Class Menü von Paul Bocuse, 2002

2

1960

1970

1980

1990

2000

Auch der Vorläufer des Wiener Schnitzels zählt zu jenen Gerichten, die ursprünglich repräsentative Zwecke erfüllten. Um einen gehobenen Lebensstil zu demonstrieren, belegten die am Gewürzhandel reich gewordenen Venezianer Speisen mit Blattgold. Zudem wurde dem Verzehr von Gold eine – mittlerweile medizinisch eindeutig widerlegte – positive gesundheitliche Wirkung nachgesagt. Als man den Ausschweifungen 1514 einen Riegel vorschieben wollte und das Vergolden von Speisen gesetzlich untersagte, besannen sich die venezianischen Köche auf ein älteres, vermutlich aus Konstantinopel importiertes Zubereitungsverfahren: die goldgelbe Panier. Über Mailand gelangte das Rezept dann unter Feldmarschall Joseph Graf Radetzky von Radetz Ende des 19. Jahrhunderts nach Wien, wo es leicht adaptiert als Wiener Schnitzel zu Weltruhm gelangte.

Wie die langwierige Entstehungsgeschichte des Schnitzels zeigt, hat die Stadt Wien mit der Erfindung des nach ihr benannten Gerichts nur am Rande zu tun, genauso wenig wie der Komponist Wolfgang Amadeus Mozart mit der gleichnamigen Kugel aus Schokolade, Nougat und Marzipan. Der Salzburger Konditormeister Paul Fürst folgte 1890 einer Modeströmung, als er seine Praline nach

1 Ebenso wie Mode und Musik definieren auch Speisen den Geschmack unterschiedlicher Jahrzehnte. Waren in den Siebzigerjahren Shrimpscocktail und Fondue en vogue, so speist man heute Sushi oder Lammkrone.

2 Der aus der Lombardei stammende Wissenschaftler Julius Maggi brachte seine berühmte flüssige Speisen- und Suppenwürze erstmals 1886 in der Schweiz auf den Markt.

2

Orangen-Getränk
Sahnebutter

dem bekannten Sohn seiner Heimatstadt taufte. Essbare Neukreationen nach berühmten Persönlichkeiten zu benennen, galt Ende des 19. Jahrhunderts als besonders chic. So trägt ein beliebtes Butterkeks heute den Namen des Physikers Leibniz, und der Verzehr eines Bismarckherings ruft den deutschen Staatsmann ins Gedächtnis. Auch der französische Starkoch Auguste Escoffier machte Gebrauch von der Idee, Speisen durch berühmte Namenspatrone aufzuwerten, und verewigte die australische Operndiva Dame Nellie Melba, die um 1900 internationale Erfolge feierte, im Pfirsich Melba.

Von der Klasse zur Masse

Kultstatus erhielten die Pfirsichhälften mit Vanilleeis nicht nur ihres Namens wegen, sondern allein schon durch die Zutaten. Speiseeis galt jahrhundertelang als kostbares Luxusgut, dessen Konsum dem Adel vorbehalten blieb. Erst durch die Erfindung der Kühlmaschine begann sich das Dessert vor rund 150 Jahren zur Massenware zu entwickeln. Davor wurde Schnee und Eis von umliegenden Berggipfeln zur Erzeugung herangezogen – ein enormer Aufwand, der sich in den Kosten niederschlug. So waren Staffelläufer rund vierhundert Kilometer unterwegs, um das Natureis in die Hauptstadt Rom zu schaffen. Einflussreiche Persönlichkeiten, von Alexander dem Großen über Konfuzius bis zu Napoleon, unterstrichen ihre Auserwähltheit mit dem Ver-

1 Flugzeugessen im Wandel der Jahrzehnte

2 Ein kaltes Buffet im Stile der Siebzigerjahre

2

1

zehr des kühlen Desserts. International populär wurde Speiseeis im 16. Jahrhundert am französischen Königshof, als Katharina von Medici so genannte „Gelaterie" aus Italien mitbrachte, um ihrer Leidenschaft für die kalte Delikatesse frönen zu können.

Ähnlich teuer und daher äußerst begehrt war der aus Übersee importierte Zucker. Erst als der Deutsche Andreas Sigismund Markgraf 1774 eine Methode entdeckte, um das „weiße Gold" aus der heimischen Runkelrübe zu gewinnen, fielen die Preise und ebneten so den Weg zur Süßware als Massenartikel und zur Wiener Mehlspeisküche. Der nötige Aufwand zur Beschaffung oder Herstellung definiert bis heute den Preis so mancher Spezialität. Lachs und Garnelen, mittlerweile preiswerte Produkte aus Zuchtfarmen, galten noch vor wenigen Jahren als sündhaft teurer Luxus. Weiße Trüffel sollen demnächst kultivierbar sein, wodurch sie ihren Status als kulinarisches Kultobjekt vermutlich rasch einbüßen werden. Dekadenz von heute wird so zum leistbaren Alltagsvergnügen von morgen. Oder wussten Sie, dass Butter noch vor einhundertfünfzig Jahren als teures Luxusgut galt?

Politische Trends

Auch politisch einflussreiche Nationen sorgten für kulinarische Trends. Die politische Vormachtstellung des „Commonwealth of Nations" brachte die weltweite Verbreitung von Tee mit sich, die Seefahrernation Spanien kann den Import der – in der Renaissance heiß begehrten – Schokolade für sich verbuchen. Das Rezept zur Herstellung von Trinkschokolade wurde strengstens geheim gehalten, ihr Konsum zeitweise als satanisch verdammt, was den gesellschaftlichen Wert des Getränks natürlich enorm steigerte. In jüngerer Vergangenheit machte die politische Rolle der Befreiungsmacht Amerika US-Produkte nach dem Zweiten Weltkrieg in Europa populär. Brachten die US-Soldaten in den Vierziger- und Fünfzigerjahren noch Kaugummi und Schokolade als gefragte Souvenirs aus den USA, so überzeugte später die erfolgreiche, amerikanische Medienindustrie vor allem junge Kunden vom American Way of Life. Coca-Cola, Popcorn, Cornflakes, Hamburger und anderes Fast Food verdanken ihren weltweiten Erfolg nicht zuletzt dem Umstand, dass sie allesamt Erfindungen einer Supermacht sind.

2

Geometrie, Dekoration und Farbenwahn

Nicht allein die Herkunft, sondern auch die optische und geschmackliche Anpassung an den Zeitgeist verhilft Nahrungsmitteln zu Popularität. Je nach Dekade regieren klare Linien, rechte Winkel oder üppige Dekorationen, knallige oder pastellige Farbtöne und entschieden damit die Gestaltungsprinzipien von Möbeln, Kleidung und Nahrungsmitteln. Der feste Glaube an Fortschritt und Industrie in den Fünfziger- und Sechzigerjahren bildete sich in funktionalen Formen ab: Platonische Körper und kräftige Farben repräsentierten eine rationale, moderne Gesellschaft. Die Produkte waren einfach, praktisch und preisgünstig. Exakt geschnittene, quietschgelbe Ananasscheiben aus der Konserve kamen mit Schlagobers* garniert auf den Tisch, Eislutscher** in Kontrastfarben, wie das Jolly und das Twinni, in den Verkauf. Schlicht geformte Nahrung stand für die heile, fortschrittsgläubige Welt des Wirtschaftswunders und für die Bezwingung der Natur, die in der geglückten Mondlandung ihren Höhepunkt fand. Im Zuge der außerirdischen Expedition setzte eine Weltall-Euphorie ein, die sich sowohl in der Mode als auch in der Gestaltung von Esswaren niederschlug. Die italienische Firma Perugina beispielsweise brachte ihre bekannte Bacio-Praline im Raumfahrtslook mit grüner Zuckerglasur unter dem Namen Astraline auf den Markt.

Meister der Adaption

Um am Puls der Zeit zu bleiben, durchlaufen berühmte Esswaren ebenso modische Veränderungen wie Verpackungen oder Firmenlogos. Ähnlich wie Micky Maus und andere Comic-Helden, die ihr Äußeres regelmäßig den Vorlieben ihrer Leser anpassen, modernisierte auch der Gummibär seinen optischen Auftritt über die Jahrzehnte hinweg. Der kleine Gelatinebär zählt somit zu den wenigen Lebensmitteln, die ihr Aussehen am jeweiligen Geschmack der Zeit orientieren. Als Hans Riegel 1922 in Bonn begann, kleine Bären aus Fruchtgummi zu gießen, waren diese sowohl deutlich größer als auch schwerer und gingen einzeln über den Ladentisch. Den wesentlich schlankeren Körper der Urform schmückte ein zotteliges Fell, das sich jedoch im Laufe der Jahre ebenso verflüchtigte wie die Leuchtkraft der bienen-

* Sahne
** Eiskrem

1 Im Zuge der Mondlandung setzte eine Weltalleuphorie ein, die sich nicht nur in der Mode, sondern auch in der Gestaltung von Esswaren niederschlug. Die italienische Firma Perugina brachte das Bacio im Raumfahrtslook mit grüner Zuckerglasur unter dem Namen Astraline auf den Markt.

2 Die japanische Art, Essen zu servieren, diente ab den Neunzigerjahren als Vorbild für Köche, Fotografen und Trendsetter.

1804

1805

1889

1888

1890

1937 1938

1969 1968

wachs-geglänzten Wesen. Im Zuge der Gesundheitswelle wurde in Europa auf pflanzliche und somit mattere Farbstoffe umgestellt.

Künstlichkeit versus Natürlichkeit

Im Gegenzug zur puristischen, technologieverliebten Küche der Nachkriegsjahrzehnte setzte etwa zeitgleich mit der Hippie-Bewegung die Hinterfragung automatisierter Herstellungsverfahren, die Rückbesinnung auf die Natur und in weiterer Folge die Biowelle ein. Zweifel an der gesundheitlichen Unbedenklichkeit industriell gefertigter Produkte begannen die Öffentlichkeit zu beschäftigen. Die Nouvelle Cuisine, eine Kochrichtung, die Paul Bocuse und Michel Guérard in den Sechzigerjahren begründet hatten, gewann zusehends an Aufmerksamkeit. Frische Zutaten und kurze Garzeiten prägten die Rezepte, die möglichst ausgefallene, bislang unbekannte Geschmackskombinationen wagten. Am Beginn der Achtzigerjahre faltete man Rosen aus Fischfilets, servierte Steaks mit Ananas und verließ sich beim Anrichten auf die künstlerische Intuition. Design im Sinne von bewusster Gestaltung wurde als unnatürlicher Eingriff zusehends abgelehnt.

Bis heute fürchten laut Hanni Rützler Europas Esser gesundheitsschädliche Nahrung, hegen große Zweifel an künstlichen Aromastoffen und sind Verfechter der Biowelle. So stieg allein in deutschen Haushalten der Anteil an Bioprodukten im Jahr 2002 von 6,5 auf 27,1 Prozent. Die grundsätzliche Abneigung gegen alles Künstliche geht auch an der Gestaltung der Speisen nicht spurlos vorüber. Während das Gemüse in den Sechzigern bunt gemischt und in exakt gleich großen Würfeln auf dem Teller lag, drapieren Köche heute Karotten* und anderes Wurzelwerk im Ganzen inklusive Blattansatz auf wiederum größerem Essgeschirr.

Der Wunsch des Kunden nach gesunder Nahrung geht sogar so weit, dass Produkte nachträglich – also künstlich – mit positiven Stoffen angereichert werden. Speziell präparierte Esswaren sollen Wohlbefinden und Abwehrkräfte steigern, gegen Übergewicht ankämpfen und zukünftig vielleicht sogar Krankheiten kurieren. Mit Hilfe von functional food könnte zukünftig die spezielle Zusammensetzung von Eiern, Kartoffeln oder Brokkoli der Arterienverkalkung oder Krankheiten wie Hepatitis B vorbeugen. Die Idee, die Nahrungsaufnahme mit der Verfassung des Körpers in Verbindung zu bringen, ist dabei alles andere als neu. Schon die Blutsuppe im antiken Sparta verfolgte das Ziel, die jungen Krieger möglichst effizient mit Kalorien zu versorgen. Heute arbeiten Wissenschaftler am Wunderessen, das Plagen wie Übergewicht, Vitaminmangel oder Müdigkeit aus der Welt schaffen soll. Joghurtdrinks versprechen ähnliche Wirkungen wie die eines Zaubertranks und erfüllen damit die tiefsten Sehnsüchte der westlichen Gesellschaft. In fast allen Studien der jüngeren Vergangenheit wurde Gesundheit als höchstes Gut bewertet.

Neben der Biowelle geht die Tendenz bei der Nahrungsaufnahme in der westlichen Hemisphäre in Richtung Fertigprodukt - ein Trend, der bereits vor über 100 Jahren seinen Anfang nahm. 1812 eröffnete die erste Konservenfabrik, 1886 gelangte Maggis flüssige Speisenwürze erstmals zum Verkauf. 1929 erschienen Spaghetti in Dosen der Firma Heinz in den Supermarktregalen, 1972 verkaufte Findus eine Tiefkühllasagne. Mittlerweile reicht die Palette vorgefertigter, bequemer Nahrung vom Junghirschbraten bis zur Palatschinke**. So genannte Ready-to-(h)eat-Komponenten ersetzen zeitaufwändiges Kochen und befriedigen den Hunger gestresster Europäer, Amerikaner und Japaner. Die Hersteller von Tiefkühlpizza und Fertiggulasch

* Möhren
** Pfannkuchen

< **vorherige Doppelseite**

Viele Designklassiker am Lebensmittelsektor haben sich zu völlig selbstverständlichen, zeitlosen Produkten entwickelt. Wer macht sich schon Gedanken darüber, dass das Pepsi ein Jahr vor Fertigstellung des Eiffelturms erfunden wurde.

1 Paul Bocuse präsentiert die von ihm im Rahmen des Lufthansa-Bordservice-Programmes „Star Chefs" entwickelten Menüs der Presse (26. 2. 2002).

ARMANI / DOLCI

kreieren sowohl im optischen als auch im aromatischen Sinn Einheitsgeschmäcker für einen stetig wachsenden Kundenkreis. Je schneller die Auswahl an Fertiggerichten wächst, umso größer ist auch der Bedarf an Food Designern, die diese gestalten. Und umso entscheidender wird auch der Einfluss dieser bislang eher unbeachteten Design-Sparte als Spiegel von Zeitgeist und kulturellen Strömungen.

Kulinarische Markenprodukte

Die Marke ist das qualitative Aushängeschild vorgefertigter Waren. Wie einst Pressmodel und Waffeleisen das Familienwappen in die Butter oder den Waffelteig drückten, so bürgt heute der Name des Herstellers für die Qualität des Inhalts. Der Trend zum Markenprodukt durchdringt mittlerweile alle Lebensbereiche und macht auch vor dem Lebensmittelsektor nicht Halt. Um den Wiedererkennungseffekt zu maximieren, wird ähnlich wie bei Modeartikeln das Logo des Erzeugers am Produkt deutlich sichtbar angebracht. Und so essen wir den Schriftzug des Erzeugers auf Schokoladetafeln, Keksen und Bonbons mit.

Die oberösterreichische Marke Neuburger nimmt etwa bewusst Anleihen an klassischen Designerprodukten, um ihr in jeder Hinsicht unkonventionelles Fleischprodukt zu bewerben. Ein bislang einzigartiges Verfahren ermöglicht, das Logo des Herstellers direkt an der Kruste der 14 Kilogramm schweren Blöcke anzubringen, deren Querschnitt sich demonstrativ von traditionellen Leberkäse-Produkten abhebt. Die Idee des essbaren Logos benutzen mittlerweile auch Kultmarken, um buchstäblich in aller Munde zu bleiben. Italiens Moderiese Giorgio Armani bietet unter dem Namen Armani dolce Konfekt an. Ein plastisch hervortretendes A, das Markenzeichen des erfolgreichen Modeschöpfers aus Mailand, ziert die Oberfläche der Pralinen. Wer weiß, vielleicht essen wir schon bald Leberpastete mit dem Logo von Louis Vuitton oder sportgerechte Cornflakes mit dem Swoosh von Nike ...

1 Der Trend zu Markenprodukten macht auch vor Nahrungsmitteln nicht halt. Um den Wiedererkennungseffekt zu maximieren, wird ähnlich wie bei Modeartikeln das Logo des Erzeugers deutlich angebracht. Neben dem Konfekt des italienischen Modeschöpfers Giorgio Armani fallen auch Feinkostprodukte wie der Neuburger und zahlreiche Schokoladetafeln in diese Kategorie.

1756 Erfindung der Mayonnaise / Frankreich (Legende)

1760 Herstellung von Lakritze / England

1762 Erfindung des Sandwiches / England (Legende)

1778 Pasta mit Tomatensauce wird erstmals erwähnt

1750 1760 1770 1780

790

1800

1805 Erfindung der Frankfurter / Wien

1810

1812 Eröffnung der ersten Konservenfabrik / England

1820

1827 Erfindung der Linzer Torte / Linz

1830

1832 Franz Sacher erfindet die Sachertorte / Wien

1835 Erfindung der handbetriebenen Eismaschine / USA

1840

1843 Jakob Christoph Rad erfindet den Zuckerwürfel / Böhmen

1847 Die Firma Fry entwickelt die erste Schokolade in festem Zustand / Bristol

1847 Justus von Liebig erfindet den Fleischextrakt / Deutschland

1850

1851 Jacob Fussel eröffnet die erste Speiseeisfabrik / USA

1853 Erfindung der Pommes frites / New York (Legende)

1855 Erfindung der Malakofftorte / Halbinsel Krim (Legende)

1860

1866 Die Suppeneinlage kommt in Mode / Bayern

1867 Erfindung der Erbswurst / Berlin

ca. 1870 Thomas Adams erfindet den Kaugummi / USA

1875 Erfindung der Milchschokolade / Schweiz

1878 Ketchup wird von Harry Heinz erstmals industriell hergestellt / USA

1880 Die Produktion von Knorr-Suppen beginnt / Deutschland

ca.1880 Erfindung des Hot Dog / USA

1880 Victor Schmidt erfindet das Ildefonso / Wien

ca. 1885 Erfindung der Prinzenrolle / Belgien

1886 Dr. John Stith Pemberton erfindet das Coca-Cola / USA

1886 Maggi's flüssige Speisen- und Suppenwürze kommt auf den Markt / Schweiz

1888 Pepsi wird gegründet / USA

1890 Paul Fürst erfindet die Mozartkugel / Salzburg

1891 Bahlsen bringt den Leibniz-Cakes auf den Markt / Deutschland

1892 Küfferle bringt die Wiener Katzenzungen heraus / Wien

1893 William Wrigley bringt den Spearmint und den Juicy Fruit Kaugummi auf den Markt / Chicago

1894 Dr. John Harvey Kellogg erfindet die Corn Flakes / USA

1898 Erfindung der Mannerschnitte / Wien

1899 Das erste À-la-Carte-Restaurant eröffnet / London

1901 Suchard bringt die Milka auf den Markt / Österreich, Schweiz, Deutschland

1902 Eröffnung des ersten Automatenbuffets / Philadelphia

1908 Theodor Tobler erfindet die Toblerone / Schweiz

1908 Maggi's Rindsuppenwürfel kommt auf den Markt / Schweiz

1870 | 1880 | 1890 | 1900

1910

1911 Das deutsche Wort Keks wird in den Duden aufgenommen / Deutschland

1914 Wrigley's bringt den Doublemint auf den Markt / Chicago

1919 Der erste elektrische Toaster mit Zeitschaltung wird patentiert / USA

1920

1922 Luisa Spangoli erfindet für Perugina das Bacio / Italien

1922 Der Haribo Goldbär wird als Haribo „Tanzbär" erfunden / Bonn

1922 C. K. Nelson erfindet die Schokoglasur für Speiseeis / USA

1923 Das Eis am Stiel wird erfunden / USA

1925 Walter Becker erfindet die erste künstliche Wursthaut / Hamburg

1927 Ed. Haas III erfindet das Pez-Bonbon / Wien

1928 Kellogg's bringt die Rice Krispies heraus / USA

1930

1930 Das Kaubonbon Maoam wird patentiert / Düsseldorf

1930er Franz Wiesbauer erfindet die Bergsteiger / Wien

1930er Erfindung der Schwedenbombe / Wien

1935 Prof. Dr. Günther Malyoth erfindet die Alete Babynahrung / München

1938 Nestlé führt den Nescafé ein / Schweiz

1940

1940 Die Gebrüder Dick und Mac Mc-Donald eröffnen ein Schnellservice-Restaurant in San Bernardino / USA

1941 Das Eisstanitzel wird patentiert / USA

1945 Das Automaten-Softeis wird erfunden

1949 Die Curry-Wurst wird erfunden / Berlin

1949 Soletti-Salzstangen werden erfunden / Feldbach,

1950

Der erste Scheiblettenkäse / USA
1950 Arrigo Cipriani erfindet das Carpaccio / Venedig

1952 Kellogg's führt die Frosties ein / USA

1953 Casali bringt die Rumkugel heraus / Wien
1953 Bahlsen führt Messino unter dem Namen „Messina“ ein / Deutschland

1954 Burger King wird gegründet / Florida
1955 Die erste McDonalds-Filiale eröffnet / Chicago

1957 Ferrero führt das Mon Cheri in Deutschland ein
1958 Pizza Hut wird gegründet / Kansas

1960

ca.1960 Das Fischstäbchen wird erfunden / Großbritannien

1962 Die Firma Naturin produziert die erste künstliche, verzehrfähige Wursthaut / Deutschland

1964 Ferrero führt Nutella in Deutschland ein

1966 Cornetto kommt auf den Markt / Österreich, Deutschland

1966/68 Twinni wird eingeführt / Deutschland / Österreich

1968 Der Big Mäc wird erfunden / Pittsburgh

1970

1971 Die erste McDonald's-Filiale Deutschlands eröffnet / München

1974 Ferrero führt die Kinder-Überraschung in Deutschland ein

1979 Die Milch-Schnitte kommt auf den Markt / Deutschland

1980

1983 Coca-Cola light / Diet Coke wird eingeführt / Europa

1989/90 Magnum kommt auf den Markt / Deutschland / Österreich

Dieses Buch wurde unterstützt von:

Kraft Foods Österreich
Neuburger GmbH & Co
DIXI Traubenzucker
Kelly Ges.m.b.H. Wien

BUNDESKANZLERAMT KUNST

Universität für Angewandte Kunst, Wien

Kulturabteilung der Stadt Wien, Wissenschafts- und Forschungsförderung

Danksagung

Herzlichst bedanken wir uns bei folgenden Personen für ihre Unterstützung:

für ihr Wissen (in alphabetischer Reihenfolge):

Eva Bakos, Manfred Buchinger, Fritz Gnan, Thomas Friesenecker, Josef Honeder, Florian Holzer, Dr. Carita Merenmies, Achim Meyerhofer, Marina Morsellino, Natias Neutert, Rudolf Kellner, Dr. Franz Kiesenhofer, Paul Renner, Mag. Hanni Rützler, Gerald Schmickl, Herr Touzimsky, Renate und Christoph Wagner, Christian Wrenkh, Margit Zeiler

für ihre Unterstützung bei organisatorischen Angelegenheiten (in alphabetischer Reihenfolge):

Dott. Stella Avallone, Österreichisches Kulturforum Mailand; Mag. Isabella Benda und Mag. Klaus Buttenhauser, Falstaff Magazin; Monika Hirsch; Barbara Knapp; Gabriele Mazzotta; Wolfgang Schlüter; Franz Schubert, Morawa & Styria; Barbara Taxacher; Akira Uehara, President of Taisho Pharmaceutical Co, Tokyo; Mag. Stephan Vavrik, Österr. Kulturforum Paris;

für Informationen und Werksbesichtigungen (in alphabetischer Reihenfolge):

Corinna Casale, Nestlé Italiana S.p.A., Perugina Historical Museum, Perugia; Dipl.-Ing. Martin Doppler, Zuckerraffinerie Tulln, Agrana; Ing. Karl Peter Egger, Grand Cru; Petra Franzmeier, PEZ International AG; Kenny k. Fujimoto, Director, Nadaman Restaurants Tokyo; Giancarlo Gonizzi, Archivo storico de Barilla, Parma; Gerhard Gugg, Restaurant Mesnerhaus, Mauterndorf; Reiner Heilmann, Hotel Sacher, Wien; Dietmar F. Muthenthaler & Christian Gahn, k.u.k. Hofzuckerbäcker Ch. Demel's Söhne; Keiko Nakayama, Toraya Gallery, Toraya Confectionery LTD, Tokyo; Edgar Petry, Lufthansa; Dipl.-Volksw. Andreas Nickenig, Haribo Linz; Markus Pois, A. Egger's Sohn Süßwaren; Otto Wilhelm Riedl, B.A., Manner; Dr. Paulus Stuller, k & k Hofzuckerbäcker L. Heiner; Thomas Wieder, Nestlé, Mailand; Restaurant Zum schwarzen Kameel

für inhaltliche Beratung und erstes Lektorat (in alphabetischer Reihenfolge):

Eva Krauskopf, Andreas Krawanja, Caroline Kufferath, Paul Pauser, Barbara Schatzker, Eva Stummerer, Hannelore Stummerer

Model

Tom Hanslmaier

Fotoregister

Teufelshorn und Herrgottsb'scheißerl

Toraya Confectionery Ltd. / Photographer Hisamitsu Yasumuro (Wakaba-kage)
Museo Storico Perugina, Nestlé Italiana S.p.A. Divisione Dolciari (Bacio Praline, Carrarmato)

Baukästen und Werkzeuge

Archivio Storico Barilla, Parma, Italia
(Spaghetti-Esser, Postkarte 1902)

Knusperspaß und Farbenfreude

Unilever Austria GmbH (Jolly)
Haribo GmbH (Goldbär, Goldbärenlogo)
Kelly GesmbH (Soletti, Joe Soletti)

Die Lust am Teilen

Josef Manner & Comp. AG (Casali Rumkokos)
Unilever Austria GmbH (Twinny)

Knusprig oder Streichfähig

Unilever Austria GmbH (Jolly)
Instantina GmbH (Dixi)

Stapelbare Fische

Unilever Austria GmbH (Rundgefrierer)
Bahlsen GmbH & Co. KG (Leibniz Butterkeks-Produktion)
Haribo GmbH (Gummibärenproduktion)

Man ist, was man isst

Restaurant Zum schwarzen Kameel
Ingrid Friedl / Lufthansa (Linsen-Ziegenkäse-Galantine, Mohnravioli)
Lufthansa (Räucherlachs, Dessert von Peter Springer)
Maggi Kochstudio (historische Maggi-Flaschen)
Studio Peter Knaupp / Lufthansa (Flugzeugessen 70er; zwei Abbildungen)
Lufthansa (Flugzeugessen)
Austrian Airlines/ Lauda Air (Flugzeugessen; zwei Abbildungen)
Museo Storico Perugina, Nestlé Italiana S.p.A. - Divisione Dolciari (Astraline)
Toraya Confectionery Ltd. /Photographer Hisamitsu Yasumuro (japan. Konfekt)
Österreichische Galerie Belvedere (Napoleon Gemälde)
Martha Hablesreiter (Eiffelturm)
PepsiCo Deutschland GmbH
Kraft Foods Austria (Mozartkugel)
Nasa (Mondlandung)
Nestlé Österreich GmbH (Nescafé)
Unilever Austria GmbH (Twinni)
Rolf Bewersdorf / Lufthansa (Paul Bocuse, 26. 2. 2002)
Neuburger GmbH & Co. KG

Zeitdiagramm:

Konditorei Leo Jindrak Linz (Linzer Torte)
Unilever Austria GmbH (Erbswurst, Jolly, Cornetto, Twinni, Fischstäbchen, Magnum)
Griesson-de Beukelaer GmbH (Prinzenrolle)
Coca-Cola Österreich (Coca-Cola Flasche, Coca-Cola light Flasche)
Maggi Kochstudio (Maggi Würze, Maggi Suppen)
PepsiCo Deutschland GmbH
Kraft Foods Austria (Mozartkugel, Milka, Toblerone)
Bahlsen GmbH & Co. KG (Leibniz, Messino)
Wrigley Austria Ges.m.b.H
Josef Manner & Comp. AG (Mannerschnitten, Rumkokos)
Museo Storico Perugina, Nestlé Italiana S.p.A. - Divisione Dolciari (Bacio)
Haribo GmbH (Goldbär, Maoam)
PEZ-Werbesujet „PEZ Lady" (blau/gelb) / (c) & TM bei PEZ bei PEZ International AG, Traun/Österreich
Walter Niemetz OHG, Vienna (Schwedenbomben)
Wiesbauer Österreichische Wurstspezialitäten GmbH
Nestlé Österreich GmbH (Aleteglas, Nescafé)
Kelly GesmbH (Soletti Salzstangen)
Mon Chéri
Nutella
McDonald's Österreich (Big Mäc)
Kinder Überraschung
Milch-Schnitte

Alle übrigen Fotos: Studio Ulrike Köb, www.koeb.at

Literaturverzeichnis

Jean Anthèlme Brillat-Savarin
Physiologie des Geschmacks
oder Betrachtungen über das höhere Tafelvergnügen
Insel, Frankfurt

Eva Bakos
Gaumenschmaus und Seelenfutter
Tausend Jahre Wiener Küche
Pichler, Wien, 1996

Ralf Beil
Künstlerküche
Lebensmittel als Kunstmaterial –
von Schiele bis Jason Rhoades
Dumont, Köln, 2002

Peter Blenke, Thomas Wieke
Kaiser, Köche, Caterer
Kulinarische Gastlichkeit von der Antike bis heute
Mosaik, München, 2001

Auguste Escoffier, Walter Bickel
Kochkunstführer
Hand- und Nachschlagebuch der klassischen französischen Küche
Pfanneberg, Gießen, 1993

Michel Bras
Die Küche des Michel Bras
Phantasie & Perfektion in 85 genialen Rezepten
Christian, München, 2003

Renate Breuss
Das Maß im Kochen
Haymon, Innsbruck, 1999

Claire Catterall (ed.)
Food, Design & Culture
Laurence King, London,1999

David E. Carter
Branding
Hearst Books, New York, 1999

Gianpaolo Ceserani und Renato Covino
Perugina una storia d'azienda, ingegno e passione
Silvana Editoriale, Milano, 1997

Rotraud Degner
Die Welt der Pasta
Collection Rolf Heyne, München, 2002

Hannsferdinand Döbler
Kochkünste und Tafelfreuden
Orbis, 2002

Barbara Griguol
Pasta
History, Technologies and Secrets of Italian Tradition
Barilla

Hans-Ulrich Grimm
Die Suppe lügt
Die schöne neue Welt des Essens
Droemer-Knaur, München, 1999

Ramesh K. Biswas, Siegfried Mattl und Ulrike Davis-Sulikowski
Götterspeisen
Springer, Wien, 1997

Helene Karmasin
Die geheime Botschaft unserer Speisen
Kunstmann, München, 2000

Ruth Keenan
Festliche Menüs aus 2000 Jahren
Esskultur und Tafelfreuden vom alten Rom bis heute
Christian, München, 2001

Catarina Kossuth-Wolkenstein
Die Marke Eskimo
Signum, Wien, 2000

Andreas Morel
Der gedeckte Tisch
Zur Geschichte der Tafelkultur
Gva-Vertriebsgemeinschaft, 2001

Leo Moulin
Augenlust & Tafelfreude
Essen und Trinken in Europa – eine Kulturgeschichte
Zabert Sandmann, München, 2002

Kristiane Müller-Urban
Toast Hawaii und Entenbrust
Die Trendrezepte aus fünf Jahrzehnten
Dumont, Köln, 1999

Dolly Peters
Kalte Happen und Partysnacks
Falken, Niedernhausen, 1977

Ewald Plachutta und Christoph Wagner
Die gute Küche
Orac, Wien, 1993

Gabriele Praschl-Bichler
Kaiserliche Mehlspeisen
Amalthea, Wien, 2004

Utz Thimm und Karl-Heinz Wellmann (Hrsg.)
Essen ist menschlich
Zur Nahrungskultur der Gegenwart
Suhrkamp, Frankfurt, 2003

Christoph Wagner
Fast schon Food
Campus, Frankfurt, 1995

Christoph Wagner
Süßes Gold
Kultur- und Sozialgeschichte des Wiener Zuckers
Brandstätter, Wien, 1999

Christoph Wagner
Das Lexikon der Wiener Küche
Deuticke, Wien, 1996

Loukie Werle und Jill Cox
Ingredienzen, Das große Buch der Zutaten
Könemann, Köln, 2000

Reinhart Wolf
Japan. Kultur des Essens
Collection Rolf Heyne, München, 2001

Annette Wolter
Nudeln
Gräfe und Unzer, München, 1999

Hanne Tügel
Experiment Schlaraffenland
Geo Magazin 6/98